世界植物造景大师译丛

室内外小型空间植物造景

[澳] 杰森·琼格　著

新锐园艺工作室　组译

中国农业出版社

北　京

目　录

为什么选择植物？

我一直喜欢双手伸进土壤中的感觉，只有园艺能带给我平静和满足。有幸在一个有花园的家庭里长大，父母和祖父母允许我连续几天都待在花园里。通过长期自学，我掌握了与各种植物打交道的技能。

我曾经对成为园丁充满激情，但不曾想过这会成为我的职业。在孩童和青少年时期，当被问到长大后想做什么时，多数人立志成为医生、律师、宇航员或建筑师，从事了不起的工作。当初选择成为建筑师可能是因为我热爱所有与设计有关的工作，感觉它比成为园丁更令人钦佩。现在我疑惑为何社会低估园丁这种基于过程的职业。从建筑师和室内设计师到植物馆馆长，这段经历已经成为我人生中最难忘的一段旅程。

在写第一本书《植物家园》时，我还是一名室内设计师。那时我和我的伙伴纳森已经把"植物家园"作为一个充满激情的项目启动了，努力在园丁群体之间建立联系，促进当地的园丁和有抱负的植物爱好者进行知识分享。当我完成那本书时，我们已经在墨尔本科灵伍德的一个仓库里开办了第一家店以及 Mina-no-ie 咖啡馆。那是一个令人着迷的"都市绿洲"，植物、设计和现代日式餐饮有机地结合在一起，吸引了越来越多的顾客。看到植物家园如此受欢迎，我决定为其付出一切。于是在周围朋友的支持下，我辞掉了稳定的工作，开始了奇妙的植物之旅。

然而，旅途并不总是那么顺利，曾经有一段日子我们连一株植物都卖不出去。每天打烊后，我走在回家的路上，会思考城市是多么需要更多绿色。

现在的城市大部分都有公园和绿地，建筑物周围也不乏高耸的树木和精心布置的花园。我们经常可以将绿色带入繁忙的城市生活中，如在门口摆放一些绿植、布置一个绿树成荫的隐秘庭院等。这样的空间总能将人们聚在一起，并带来舒适、亲密和轻松的享受。

室内植物软化了入口处的风干台面

一系列植物和手工制作的花盆装点着"植物家园"旗舰店

对于有限的空间，往往人造多于自然。许多人已经忘记绿色是如何把生机带入城市空间，却比以往更加渴望它。这就是我们致力于在家庭、商店、办公室和公寓楼里培养绿植的重要原因。想象一下：植物温柔地抚摸着建筑物的边缘，阳台上充满了可观赏和食用的绿植，引领自然回归生活。这些带来了宁静，创造出供我们躲避喧嚣的休养地，用树叶摩挲的声音淹没城市的噪声。

我知道社区需要更多植物，但不确定如何才能激励人们去购买。"如果事情没有按照你的方式发展，那么就改变你的策略。"因此我们将精力集中在教育上，指导客户和新加入的植物爱好者在他们的空间中培育植物。在建筑师和室内设计师的帮助下，我们经过很多努力，找到了自己的发展方向，证明了植物可以在小型城市空间快乐地生长。它们很容易培育，并且比人造植物回报更多。

在本书中，我想给你提供一些打造室内外花园的实用指南，可以丰富你的家庭和社区。从室内空间、庭院到阳台，这本书将带你进行一次实践性旅行，提供一些建议和简单的步骤，这样你就可以创造专属自己的绿洲。第一章将帮助你理解自己所处的气候环境（包括室外和室内）以及如何因势利导而不是与之相悖，我们将讨论如何为你的小空间选择合适的植物，通盘考虑可能存在的影响因素和挑战。第二章介绍了用植物进行造景的基本原理。第

前院虽然狭窄，但也不能缺少绿植，可以尝试种植攀缘植物和紧凑型灌木

三章展示了很多被绿植装扮的家庭空间和公共空间，提供了一些成功案例。第四章列举了植物养护管理的细节，包括如何培育植物并使其状态最佳。第五章将帮助你在出现问题时进行故障排除，使你能够迅速拥有一个欣欣向荣的城市花园。通过逐步接近小空间花园，你会掌握适合自己的技能，尝试很多植物种类，挑战不同的自然条件，同时了解如何照料植物。

小时候，通过种植多样化的植物来挑战自己，教会了我园艺需要练习和耐心。希望这本书能激励你提升自己的技能，让你可以在任何地方体验园艺的乐趣，经历更多美妙的绿色时光。

正如植物有各种形状和大小一样，周围的环境也是如此。在谈论城市中的植物时，需要考虑每个空间的独特之处，以方便选择合适的植物。从紧凑型植物到可扩展到外墙的植物，总有一款适合你。

我的独家秘笈

1. 做好规划

在小空间中布置植物之前，坐下来认真规划是有必要的。规划内容包括设计风格、植物数量以及植物摆放的位置等，能让你在选择植物和花盆时把握明确的方向。

2. 不要被外表所迷惑

在挑选植物时径常会犯一个错误，即纯粹依据外观而作出选择，其实应该根据它们的采光需求等习性进行挑选。最重要的是，要确保它们能在你的空间中产生积极效果。

3. 了解你作为园丁的身份

如果你对着手园艺感到紧张，那么就挑选一些容易照看和养护难度低的植物。从少量植物开始，在掌握了如何照顾多数植物后，再慢慢建立自己的花园。

4. 注重基础

植物是有生命的。它们需要水、光照和养分等基础元素，因此要扎实地掌握这些要素的管理方法，你的植物才可以茁壮成长。

5. 不急于求成

着手园艺时不要着急，不要求立竿见影。植物世界有自己的旅程，你要慢下来并享受其中。

6. 经常养护

被忽视了的植物是不能茁壮成长的。要定期检查它们的生长情况，建议每周或每两周查看一次。定期的检查能帮助你监测植物并及早发现问题。

7. 切勿惊慌

当你发现植物出现问题时，不要抓狂。尝试系统地查明问题，这将指引你找到最好的解决方案。植物病虫害需要时间来解决，要坚持持续治疗直到问题消失。

8. 大声说出来

即使是现在，我也会经常咨询他人关于园艺的建议。不要害怕寻求家人、朋友、邻居和网上植物界朋友们的帮助。

9. 做自己

我们有很多机会可以买到独特的花盆，它们要么是精心设计的，要么是纯手工制作的。你不必追随潮流，选用与你的规划相契合的花盆。

10. 不断尝试

一名优秀的园丁总是勇于挑战自己。尝试新的品种和种植类型，不断挑战和提高技能，这是非常了不起的。

Chapter 1

了解气候环境

建一个任何规模的花园都会令人敬畏，因为对杀死植物的担心足以阻止人们拿起小铲子进行尝试。

当我开始针对一个城市花园展开工作时，我会记录所需的空间、阳光和养护标准，确保所选植物能够茁壮成长。在开始工作之前，非常重要的一点就是你要花些时间去观察白天的阳光如何在空间中移动，了解周边的气候条件，实事求是地估算你能在花园中投入多少时间。

植物跟人类一样，来自不同的生境，喜欢不同的环境条件。了解这些能帮你正确评估所在城市可提供的气候环境，从而选择能在你的独特空间中更好生存的植物。

观察自然光

　　自然光就像植物的食物一样，不足或者过量都将直接影响它们的生长。在挑选植物前，观察你的花园面朝哪个方向以及光照随着时间推移是如何在花园中移动的。记录下在空间中形成的背阴处，它们会为喜阴植物提供庇护。

　　可供挑选的植物种类特别多，重要的是了解不同空间的光照条件以及不同植物的需要。如果挑选了适合空间光照条件的植物，那么花园就有了一个好的开端，植物才能茁壮成长。

下午强烈的光照非常适合这个易于养护的干燥花园，尤其是在易发干旱的地区。
植物（左起）：青绿柱、轮回、梨果仙人掌、龙舌兰、银线象脚丝兰、芦荟科植物。

在小空间中扩展氛围的一个好方法是由外向内连续布置绿植。图中这个部分暴露在阳光下的阳台连接着一个充满斑驳光线的餐厅。

植物（左起）：（阳台）一系列天竺葵、朱蕉；

（室内）心叶蔓绿绒、球兰、白鹤芋、齿叶橐吾。

适应光照条件

1. 下午光照 / 强烈光照

室外 植物在一天中最热的时间段内接受阳光直射，通常在下午4点左右。在这种比较极端的条件下，要用遮阳网保护植物，以免叶子被晒伤。

<推荐植物> 大戟科植物（如彩云阁或常绿大戟）、迷迭香、薰衣草、穗花里五加或甘蓝树、柑橘、仙人掌、多肉、芒、紫叶狼尾草、油橄榄、天竺葵、桉树、银桦、佛塔树属、榕属、紫藤、岩生酒瓶树、玫瑰。

室内 放置在下午阳光直射或离窗户1～2米的地方。

<推荐植物> 大戟科植物、仙人掌和其他多肉植物。

2. 全日照 / 刺眼光照

室外 植物每天接受最少6小时的直射阳光。

<推荐植物> 鸡爪槭、垂枝桦、马蹄金、绵毛水苏、鹅掌柴、银桦、佛塔树属、迷迭香、鼠尾草、蒿属、榕属、玫瑰。

室内 靠近窗户放置植物，一天中大部分时间能接受到直射阳光。

<推荐植物> 昆士兰贝壳杉、鹅掌柴、沙漠棕榈树、大多数多肉植物和仙人掌。

3. 部分光照 / 光照充足

室外　植物每天接受3～6小时的阳光照射，尤其是早上或傍晚。

<推荐植物>　齿叶橐吾、绣球、马蹄金、八角金盘、铁筷子属、鼠尾草、秋海棠属、鸢尾属。

室内　放置在一天能接受数小时直射阳光的地方。

<推荐植物>　秋海棠属、大琴叶榕、球兰、白鹤芋。

4. 部分背阴 / 斑驳光

室外　植物每天在建筑或者较大的乔木和灌木遮挡下接受3～6小时的非直射阳光。

<推荐植物>　凤梨科植物、马蹄金、紫罗兰、铁线蕨、鸟巢蕨、一叶兰、鹿角蕨属、八角金盘。

室内　放置在非阳光直射的地方，由较大的树叶遮挡，或者远离窗户2～3米的地方。

<推荐植物>　合果芋、广东万年青属、豹纹竹芋、千年健、单药花、盆栽森林棕榈树、镜面草。

5. 全背阴 / 弱光

室外 植物每天接受不足3小时的直射阳光，通常被一棵较大的灌木或者乔木遮挡。

<推荐植物> 一叶兰、鹿角蕨属、八角金盘、铁筷子属、紫罗兰、马蹄金。

室内 放置在空间黑暗、房间自然光极少、窗户被室外树木或建筑物遮挡的地方。

<推荐植物> 一叶兰、白鹤芋、喜林芋、雪铁芋、单药花。

6. 无光

室内。放置在无自然光的空间，往往是没有窗户的房间。

<推荐植物> 一叶兰、雪铁芋、喜林芋。

注： 植物不能在没有任何阳光的情况下存活，因此需要调整它们的摆放位置。建议先在一个有阳光的地方放2周，再移到没有阳光的地方放2周。

　　人们往往认为在城市空间很难种好植物。其实关键在于如何明智地选择植物，并使它们在空间中发挥作用。

▲ 在有风的阳台，种植一些可以承受强烈阳光和恶劣天气的坚韧植物。
植物（左起）：络石、丝兰属。
▶ 当地面空间充足时，可以种上一棵树并在其下方摆放一些小型植物。
植物（左起）：薄荷、金橘、百里香、越南香菜。

考虑天气因素

天气与城市空间之间以不同的方式进行着相互作用。建筑有时候使风转向并远离室外空间，有时候又会引冷风入内。建筑可以反射阳光并储存热量，这依赖于它们的朝向和颜色。风雨的影响可能是正面的也可能是负面的，取决于空间内的植物需求。沙漠中的仙人掌已经进化到能够抵御极端强风，而同样的风也许足以摧毁一棵热带植物。在城市花园中，必须选择能适应周围环境的植物。

无论是室内还是室外花园，如果选用了与当地气候条件不匹配的植物，就要创造出适合它们的微气候，模拟这些植物的原生环境。我们必须变成植物的"父母"，提供它们所需的水、光照、营养和避风场所。

人们常常忽略风对花园的影响。在室外露台或阳台上，风有时候会很强烈，容易对优雅的多叶植物造成破坏。在这种情形下，需要给植物提供避风条件，可以利用物体、房屋结构甚至其他植物来创造一个风的缓冲区。将植物分出层次，构建一个小的植物体系，既可以互相支持又可以减少土壤的风干效应。

室内有微风是件好事。空气流通可以去除污浊，给植物提供新鲜的氧气。如空间缺乏空气流通时，简单地打开电风扇或人在其中穿梭走动，都可以创造足够的空气流动。

对于室内植物，可以通过浇水达到降水的效果。这不仅仅是为了给植物补水，也有助于清洁叶片，给植物洗个澡能帮它们改善呼吸。如果有一个合适的室外区域，最好能时不时地将室内植物移到外面给它们来个适量的雨水澡，但要防止温度突变和大风可能带来的伤害。如果没有合适的室外区域，可以时常将室内植物放在浴室中用淋浴喷头小心地冲洗，也能收获类似自然降水的益处。

正如在野外一样，植物的需求依赖于它所处的自然气候和地理环境。接下来将深入探讨一些主要的气候类型，并提供一些植物搭配建议。

耐旱植物

一说起最恶劣的环境，首先进入脑海的就是沙漠：大片的贫瘠土地忍受着灼热的阳光和长时间的干旱。在这种艰难的生长条件中存活下来的植物最令人惊奇。

它们在小型城市空间中适应性极强，能够应对恶劣的环境和长期的干旱，还能给空间增添独特的个性。选用耐旱植物并搭配一些经过挑选的绿植作为补充，你的空间就能变成一个可以在夏季高温干旱环境下生存的低维护花园。

推荐植物

1. 狭叶佛塔树
2. 尤加利
3. 迷迭香
4. 青绿柱
5. 绵毛水苏
6. 生日蜡烛佛塔树
7. 银叶喜沙木
8. 虎刺梅
9. 红灯笼佛塔树

备选植物

　　龙舌兰属、金琥、桉树、大戟属、油橄榄、佛塔树属、迷迭香、薰衣草属、银香菊、天竺葵、蒿属、绿法师（莲花掌属）、芦荟、扁叶刺芹、唐印、紫叶狼尾草、亮毛蓝蓟、银桦、木糙苏、岩生酒瓶树。

地中海植物

　　一些城市空间有着与地中海气候相似的条件，即夏季干燥和冬季多雨。这些条件对于阳台、露台和庭院中的植物很不利，因此地中海植物可能是最好的选择。在夏季，周围的建筑温度升高并储存了太阳的热量，反而为城市花园创造了一个干燥的环境。城市中没有多少人能有足够的时间定期浇水，因此在为苛刻的环境挑选植物时，耐旱性是很重要的。应挑选那些可以存活的植物，而不是那些可能活不到一周的植物。

　　地中海植物在城市环境中很常见，原因在于它们能承受严酷的干燥天气，当湿润天气来临时，它们的春天也随之开始。

推荐植物

1. 迷迭香
2. 月桂
3. 柑橘
4. 天竺葵
5. 薰衣草
6. 虞美人
7. 油橄榄
8. 牛至

备选植物

玫瑰、素方花、紫藤、蒿、龙舌兰、大戟属、蓝羊茅、鼠尾草属、绵毛水苏、丝兰。

食用植物

对于有限的空间，有一种福利是遇见一种植物，它不仅美观，还能食用；不仅在花园中有装饰性，在家庭和公共空间中也具有实用性。有许多食用植物可以挑选，从常见的香草植物（如百里香、迷迭香）到开花植物（如金莲花）以及观叶、观果的乔灌木（如柑橘）。

推荐植物

1. 牛至
2. 迷迭香
3. 油橄榄
4. 月桂
5. 草莓
6. 薄荷
7. 洋葱
8. 欧芹
9. 柑橘

备选植物

百里香、生菜、小白菜、鼠尾草、苹果、桃、榅桲、菠菜、蓝莓、醋栗、番茄、大蒜、金莲花。

温带植物

在温带气候下工作是最令人兴奋的。如果生活在一个四季分明的城市，那么气温就是花园的限制因素。气温在较温暖和较凉爽的月份间变化很大，选择的植物可以随之变化。

通过配植伴随季节变化的植物来充分发挥温带气候的潜能，包括叶子不断变化的落叶植物，或者季节性开花植物。虽然你一整年都会有各种园艺任务，但温带植物全年均可带来令人赏心悦目的景观，因此你的花园永远不会一成不变。

推荐植物

1. 美人蕨
2. 异叶南洋杉
3. 地锦
4. 兔脚蕨
5. 垂枝桦
6. 鸡爪槭
7. 爬墙虎

备选植物

乡土植物、铁线蕨、银杏、垂枝樱。

花卉盛宴

　　花卉全年都可以为花园增添乐趣。如果精心规划，花园会变得色彩斑斓，从而打破满眼绿色的单调。

　　建议避免选用颜色过多的开花植物，要坚持采用少数几种色调。例如，通过只选择红色和橙色色调，你一定会拥有一个没有明显界限的花园。

推荐植物

1. 雏菊
2. 虎刺梅
3. 生日蜡烛佛塔树
4. 五星花
5. 松果菊
6. 玫瑰
7. 天竺葵
8. 银叶喜沙木

备选植物

葱、鸢尾、君子兰、朱顶红、兰花、绣球、虞美人。

创造微气候

建筑并不总是被设计成可以容纳花园的样子，但是只要有打造花园的意愿就会有方法。解决困难的关键是跳出原有框架来思考，并做好规划。当我最初搬进"工友之家"，前门朝西，其露台铺着混凝土，我意识到房子的前院在夏天会被烈日烤着，混凝土将整晚散发热量。有人告诉我没有什么植物能够在那里存活，为了避免酷热进入家中，我提前做好了规划。我需要一个温和且耐干旱的花园来软化坚硬的地面。当然，院子一定会郁郁葱葱，但首先要建造一个可调节的微气候，以适应选中的植物。

我尝试的第一种植物是两株具有攀缘性的茉莉亚玫瑰。它们需要历经数年才能真正落地生根，因此首先

被种上。它们将经历酷热并在露台生长，为杂乱的盆栽花园腾出地面空间。在小空间中打造花园，建议充分利用垂直空间，攀缘或匍匐植物非常适用。当我开始设计一个花园时，首先选定主体植物，即那些最有影响力的植物。这涉及美学方法，如结合一棵大树进行造景，也有可从功能的角度，如种植藤本植物来为花园中的枝叶创造遮蔽空间。

接下来我种植了柑橘类果树和箱型树篱，为第二年要种植的植物创造遮蔽空间。我沿街边建立了一个封闭型迷你花园，随后几年陆续添加了百里香、玫瑰、迷迭香和多肉植物（53页）。这小小的僻静空间为我们提供了小片绿地，可以享受下午茶或与邻居共进早餐。

适应人造环境

在室内空间，我们无意中创造了人造环境。我们喜欢家里一年四季都处于恒定的温度中。室内的加热和制冷装置创造了一个可控的环境，改变了空气条件，去除了空气中的水分，使我们的皮肤和植物的枝叶容易变干。作为园丁，需要努力应对这些人造环境的负面影响。

室内空气干燥时，要想办法改善。清晨给植物喷水可以阻止它们的枝叶边缘变褐，也可以在加热或制冷装置附近放一碗水，使水分蒸发进入空气中。

充分利用人造环境为你带来的优势。在恒温条件下，可以种植喜热的稀有植物，用这些植物挑战自己，如菲律宾兰花、荷包牡丹或豹纹竹芋。如果稀有植物不适合你，可以选一些容易打理的、能忍受人造热量的植物，如绿萝和白鹤芋。

有一些技巧可以保持植物在温度受控的空间中茁壮生长，如挑选一些能够承受冷热空气冲击的植物。在这种环境下不可能保住全部植物，但是有些能幸存下来。把植物聚集在一起并分层放置，这样会形成一个小型生态系统，植物家族能在冷热浪潮中互相庇护。

▼如果你有一个相互独立的加热和制冷系统，可以将植物放在它的下方，以使空气在植物上方流通。
植物（左起）：印度榕、垂榕。

◀在公寓中，加热和制冷通风口通常靠近天花板。当你打开加热器或空调时，注意观察空气是如何流通的。把植物摆放在离源头1~2米远的地方，减少影响。
植物（左起）：绿萝、垂枝绿珊瑚、吊兰。

享受季节性改变

    拥有一个季节性花园是物有所值的。被那些可以根据全年温度和光照变化作出反应的植物所环绕，是最美好的事情了。它们改变了空间环境，提醒我们居住在大自然中。

    我的花园里错落有致地分布着落叶植物和栽培多年的花卉。当它们改变颜色时，会带给我很多喜悦。当鸡爪槭的树叶从绿变红时，我和纳森便开始进入休息季节。

    在换季时，你要了解植物是如何应对气候变化的。园艺管理需要适应不同的状况，主要涉及水、光照和温度。

勇敢地拥抱季节性改变吧，在设计室外花园时大胆加入能随季节变换颜色的落叶植物。

植物（左）：爬墙虎。

植物（左起）：紫薇、爬墙虎。

创建园艺日历

　　当你对全年的工作心中有数时，园艺就会变得更简单。如果一系列未完成的工作失控，只会让你更加难以前行。园艺工作不仅与生长季节有关，也与准备工作有关，以确保植物在需要生长的时候能茁壮成长。

　　你接触的植物是多种多样的，并且来自世界各个角落。它们都会对季节作出反应：有些在冬天处于休眠状态，有些则在寒冷中茁壮成长；有些在温暖中成长，春季苏醒，夏季繁茂。为了尊重你的花园，无论室内或室外，都需要你一年四季悉心照顾和打理。

▼ 植物（左起）：鸡爪槭、马蹄金。

园艺需要全年的热情，总有一些任务需要处理，也让你有机会以全新的眼光欣赏花园。从修剪枝叶到徜徉于花园，你要在其中投入充足的时间。

▼ 植物（左起）：梨果仙人掌。

四季园艺工作日历

- 用缓释肥或有机肥滋养植物。每2～3周持续施液体肥（剂量参考说明书）。
- 整理生长杂乱的常绿植物，修剪逆向枝，以促进新枝生长（122页）。修剪杂乱的叶子和枝条（123页）。
- 随着天气变暖，调整浇水方式，浇水次数更频繁。
- 种植夏季食用植物和开花植物，可以用种子或球茎。
- 将盆栽植物移到大一号的花盆中，或更换营养丰富的新基质（125页）。
- 当天气变暖时，在花盆和花床周围添加一层新鲜的覆盖物来保湿。
- 清洗室内植物的枝叶。
- 进行扦插繁殖（121页）。

- 每2～3周持续施液体肥（剂量参考说明书）。
- 修剪疯长的逆向枝，保持它们紧凑并促进分枝。
- 修整攀缘植物，用绳子将杂乱的枝条捆绑到一个支撑物上（123页）。
- 注意极端天气并保护植物免受强光照射。可以使用遮阳布、亚麻布、平纹细布或粗麻布。
- 增加浇水量，以抵御酷暑。
- 在天气变冷前完成植物的移栽（125页）。

- 种植落叶乔木和灌木。
- 修剪落叶乔木和灌木。
- 种植春季食用植物和开花植物。
- 给落叶乔木和灌木施用有机肥。
- 调整室内给水量以应对较冷的天气，需要时可人工加热。

- 清除落叶并做成堆肥，保持花园整洁。
- 收集种子，用于第二年的播种。
- 种植冬季开花植物的球茎或种子，使花园在寒冷的月份仍能够生机勃勃。
- 摘除夏季开花植物上的残花（124页）。
- 这是一个修剪树木的好时机。
- 针对室内植物，要注意在那些较短的白昼里把植物移到更加明亮的位置，这样它们可以吸收更多阳光。

应对常见季节性问题

花园中经常出现一些季节性问题，但很难知道这些问题的原因是什么以及如何解决。留意症状并依据下表内容来解决它们。

温暖季节

症 状	原 因	解决方案
叶片上有洞或者边缘参差不齐	虫害	可能有昆虫在吃枝叶。仔细检查并去除它们。如果昆虫比较大，也可用捕虫网
叶片上有黏性物质	虫害	许多昆虫会留下黏性残留物，忽视这个问题会引起虫害暴发。可使用天然农药（第145～147页）
枝叶的尖端或边缘出现棕色	干燥的空气	清晨为枝叶喷水，并确保定期浇水
出现灼烧状叶片	被强烈阳光灼伤	保留灼伤叶片直到炎热天气过去。为避免灼伤，可以用遮阳布、亚麻布或粗麻布遮挡阳光
叶片枯萎或下垂	天气太热	增加浇水量以抵御更高的温度
枝叶变黄但是叶片依然坚固	土壤缺乏营养	撒几撮泻盐（148页）或者滴一点营养强化剂到土壤中，提高土壤质量
叶片卷曲并掉落	很可能是缺水	浇水更频繁些
叶片上出现棕色或浅棕色斑点	很可能是缺水	浇水更频繁些
叶片开始快速地脱落	震荡	可能是因为移动了植物或是出现了天气变化。可施用一点海藻营养剂（剂量参照外包装）
花盆外面凝聚白色物质	土壤营养太丰富	减少施肥
花凋谢得很快或花蕾未开先落	缺水或空气太干燥	浇水更频繁些，必要时雾化喷水
花少	光照不足或施肥过量	将植物移到光照多的地方并少施肥
叶片有大的孔洞或被撕裂	风或者来自人或动物的物理接触	可以搭建风障，以避免风害。叶片很娇嫩，人或动物的接触可能会撕裂它，所以处理植物时要小心

寒冷季节

症 状	原 因	解决方案
茎和枝叶腐烂	过度浇水者水滞留在叶片上过夜	允许土壤适度干燥，也可以改在早上浇水
根腐烂	植物浸泡在水里或者浇水太频繁	用小木签给土壤通气，让土壤自由排水，在再次浇水前变干
外侧叶片变软并变褐	极其寒冷的天气导致霜害	保留受影响的叶片在植物上，直到天气变暖
白色至灰色粉状真菌生长于叶片上，偶尔在花瓣上	白粉病	喷施天然杀菌剂（148页）
叶片变黄并脱落	过度浇水或气候原因	如果叶片变黄后快速脱落，尝试减少浇水次数。如果偶尔出现底部叶片变黄，这是正常的
叶片小且植物细长	缺乏足够光照或水分	检查土壤是否过度干燥，如果是，浇水更频繁些。如果缺乏光照，将植物移至光照充足的位置

Chapter 2
用植物彰显空间风格

在植物家园，我们专注于用植物设计空间。不仅要选择喜欢的植物，还要致力于空间的设计语言，将每一个细节延伸到所选择的植物中并彰显客户的个性。毕竟，这是他们享受的空间，设计应反映客户的需求。

每一种植物都有不同的个性。当设计空间时，先仔细观察每种植物的叶子有多复杂，它的绿色有多深，同时考虑它的体积和质感可能会给环境带来什么影响。通常，挑选植物是以身边的气候条件能够使其茁壮成长为原则。我们想要植物不停地回馈，而不是变成无生命的木桩。

在设计空间时，要注意运用空间内已有的材料，用它们去激发选择植物的灵感。观察色调和颜色，选择与之协调的花盆和植物。植物在搭配上合适的花盆后将快速为空间增添生命力，有助于搭配家具并改变环境。以下是一些造景技巧和经验，可以指导你选购什么植物并使它们在小型城市空间中茁壮成长。

驾驭空间画布

在设计城市空间时，当然不必紧跟潮流，也不必选择昂贵或大量的素材。我喜欢从现有的东西中汲取灵感，补充空间的历史或重新诠释它，从而彰显个性。

不要盲目购买。首先要归类空间中的主要物品，如家具、艺术品、雕塑、花盆等，然后确定你喜爱的材料，如一面旧砖墙或者一块年代久远的混凝土地面。无论是什么，只要能引发积极的情绪反应，那就是你所需要的。搭建一个空间外观很容易，但是营造氛围就需要时间和眼光了。

在进行种植或购买花盆时，你要牢记自己喜爱哪些材料和材质。你可能会喜欢一块旧的混凝土地面，它将帮你挑选带有混凝土饰面或黑色轮廓的花盆，补充空间中的中性色。接下来是选择植物，如果你追求简约，那么可以选用大叶植物（如龟背竹）或大型多肉植物（如龙舌兰）。

我喜爱的材料和材质

砖墙

抹灰

混凝土

自然金属

木材

为这个有点压抑的小浴室精选了两株植物，软化坚硬的混凝土和水磨石。它们精致的树叶为僵硬的空间增添了柔和的触感，同时，叶片捕捉了光影，从而增加了房间的深度。

植物（左起）：革叶蕨、五彩千年木。

对于平淡和死气沉沉的空间，可以把色彩缤纷的植物与各种大小不一的叶子结合起来。这株海芋深紫色的叶片在浓密的玫瑰叶和带斑驳条纹的吊兰叶中傲然挺立。

植物（左起）：吊兰、海芋、玫瑰。

分层打造城市风景

在世界各地，我最喜欢的城市都呈现出美丽植物与精致建筑的平衡。从纽约高线公园的郁郁葱葱到遍布伦敦建筑的爬山虎，当植物和建筑相互交织形成层次分明的城市环境时，这座城市显得更有吸引力。

在小空间中培育植物与在较大空间中设计公园并没有差别，都需要注意层次布局。在自然中，不同植物在彼此间生长，创造出一个更加茂盛和有趣的整体。成簇种植能帮你创造独特的树叶层次。

设计锦囊

按奇数种植　在搭配花盆和植物时，可以按照奇数原则来布置，更容易带来视觉上的美感。

考虑层次结构　一般先用一些元素焦点来定位空间，然后添加一些能够起到很好辅助作用的植物，这样就能创造出一个有层次的花园，可以融合不同的材质。

创造持续感　在小空间中，很容易因为选用了太多的颜色、材质和植物而失去控制。为避免空间显得太拥挤，要限制自己只选用几种颜色或材质。为获得持续感，通常选用相同外表的花盆和少数几种植物。

添加纹理　这是我最喜欢应用的设计元素之一。无论是通过树叶还是花盆，纹理都可以为空间增添许多特色。有褶皱的叶片与光影相互搭配，增加了空间的深度和复杂性。尽量选用当地的陶艺制品，这将给你的空间带来独特的魅力。

用尺寸点缀　为了让空间看起来不那么平淡无奇，可以加入不同大小的植物，使较大的和较小的植物交相辉映。

利用季节性　我们有时候会忘记了花园可以全年都看起来都很棒，即使在凉爽的月份也是如此。想想你的花园如何在不同季节展现它自己（36 ～ 39页）。有些植物在凉爽的月份茁壮成长，而有些植物在温暖的月份生机勃勃。

套种 / 林下栽种　无论是盆栽还是种在花圃，用一些有趣的套种来丰富你的花园，即在一些大型植物下方种植小型植物。选用攀缘植物或簇生植物比较合适，因为它们能为拥挤的枝叶提供动态空间。

参考成熟的方案　你不必为开始建设花园而感到紧张。别忘了我们居住在一个社区里，可以在社区里走走或者与邻居聊聊天，看看他们种了些什么植物。

有用的辅助工具

　　有许多辅助工具可以帮助你开启园艺之旅。经过尝试和测试，以下几种工具在造型和布置植物时非常方便使用。

　　棚架　如果你想让植物爬上墙，棚架能够提供完美的支撑并引导植物生长。

　　拱形结构　拱形结构可以把植物培育成有趣的形式，为花园增添漂亮的建筑元素。

　　盆脚　盆脚能增添一丝特色，也会将花盆抬离地面，使它们能自由排水，防止水分聚集。

　　木桩　头重脚轻和对风敏感的植物往往需要帮助。使用木桩是为较高植物或花穗提供支撑的一种简单方法。

　　金属丝　需要时常保护分叉枝条，使用金属丝是一个良好的长期解决方案。如果没有金属丝，也可以用麻绳或细绳。

　　涂绘　在为花园增加特色时，少量涂绘可能大有帮助。在花盆上涂涂画画，就可以制作出一个创意花盆，甚至使你已经放置很久的旧花盆看起来焕然一新。

　　链条　如果想将植物悬挂在天花板或者某个结构上，一定要使用链条。

充分利用形状、纹理和颜色

在设计小景观时，最有趣的景观会被一系列颜色、纹理和各种规模的植物所突显。植物有它们自己的个性，所以要实现互补或者让它们互相衬托。

右图中的植物是一些可以尝试的选择，详解如下。

1.彩云阁　一种厚厚的绿茎肉质植物，覆盖着尖刺和泪珠状叶子。

2.鼠尾草属　常见于乡村花园，也非常适合城市空间。它的顶端季节性地覆盖着管状花。

3.红点草　带图案的彩色小叶片能给花园增加纹理元素。

4.蓝蓟属　为了更好地欣赏它们令人赞叹的雕塑特质，最好给蓝蓟属植物提供充足的呼吸空间。它们的叶子具有建筑属性，而开花时，它们可以凌驾于所有植物之上。

5.百里香　一种用于日常烹饪的芳香草本植物，非常适合沿路种植。当人们擦身而过时，会闻到它们散发的香气。

6.八角金盘　大而有光泽的叶片可以遮挡视线，非常适合在花围或盆中种植。

7.兔脚蕨　因其毛茸茸的气生根而得名，一般长在树皮或岩石上。精致的叶片使其成为近距离观赏的内部庭院或花盆中优雅的选择。

8.球兰　这些拖尾或匍匐的藤蔓能在棚架上或者悬挂的花盆中生长良好，像瀑布一样垂下。

9.峨边蜘蛛抱蛋　像它的近缘种蜘蛛抱蛋一样，只需要低维护，非常适合在阴凉处种植。

10.芒　主要因其柔软、空灵的花朵而种植。优雅的叶片给空间带来一种精致的触感。

11.红花桉　能够长成较大的标本树，开出富含花蜜的花朵，花朵凋谢后形成坚果。要在阳光充足的地方种植。

12.葡萄树　随着季节变化，葡萄叶色也会改变。

让叶片沿着坚硬边缘瀑布状下垂。用途广泛，可以很好地适应弱光和强光。

18.西瓜皮椒草　蔓性植物，因其叶片酷似西瓜皮而闻名，适合摆在室内桌面或架子上。

19.绿玉树　这种低护理需求的沙漠植物可以长成带有明亮叶片的大型灌木。非常适合干燥和恶劣光照的环境。

20.西番莲　这种藤蔓植物生长迅速，长有由光亮叶片装饰的奇异果实。可以沿着栅栏或阳台种植。

21.穗花黑五加或甘蓝树　在花园中不常见，但是值得去寻找。带纹理的叶片常常直立于粗糙的树干上。

22.木糙苏　其毛毡状的叶片为干旱空间增添了柔软的触感。

23.玫瑰　玫瑰种类繁多，具有不同的生长习性、颜色和大小。有些人认为玫瑰有点过时了，但是将它们种植在柑橘或其他乡土植物中时，看起来会很漂亮。它们通常需要相似的浇水条件，质地有助于扩展花园的深度。

24.黄栌　柔软蓬松的花朵和深褐色或绿色的叶片使得黄栌成为干花及鲜切花展示所需叶片的绝佳植物。

25.月桂　常作为一种芳香灌木被种植，是修剪灌木和树篱的绝佳替代品，叶片也可用于烹饪。

26.铁筷子　它们具有多种多样的杯形花朵，很适合套种。

27.醉蝶花　刷状花朵，叶片也有不少纹理。

28.垂枝绿珊瑚　具有多种多样的叶片类型，非常适合在阴凉的空间套种或布置在室内桌上、架上或悬挂于天花板上。

29.薰衣草　在许多地方都生长良好，可以在户外盆栽作为边界或与蔬菜交叉种植。

秋季，它从黄色变成红色，献上一场漂亮的演出。

13.雪松　雪松有着蓝色的针叶和下垂的枝条，从而形成漂亮的不规则形状。它经常不平衡地生长，使其成为大花盆里或地面绝佳的特色植物。

14.绣球　绣球因经典的头状花序而闻名，能展现浓烈的季节性颜色。

15.血苋　如果你追求明亮的叶片，血苋是一个不错的选择。

16.吊竹梅　一种匍匐植物，可在室内或室外营造出郁郁葱葱的地面覆盖物。一定要控制它的生长，因为它的自我繁殖能力很强。

17.绿萝　室内小空间中完美的遮挡类植物。可以

打造盆栽植物组合

城市空间通常是棱角分明和贫瘠的。植物跻身于混凝土、石头和木材中，使所在空间充满生机。依据你的空间及其环境条件，列出备选植物，再尝试根据植物的纹理、颜色和生长习性进行搭配组合。挑选合适的植物组合是打造一个具有特色的无缝花园的关键。

在城市空间直接将植物种在地上并不总是可行的，但这不应该阻止你打造郁郁葱葱的花园。盆栽植物可以很容易聚在一起创造花园。

创造好的盆栽花园有一些关键原则，仔细摆放和培育一组可以营造出宁静风景的植物。我更倾向于将一组盆栽植物放在一起，让它们随时间推移自然生长。在可调控的人造环境中，用叶片遮盖结构化材料是不错的办法。

我喜欢加入一个特色植物，当单独应用时，它作为一个空间的主体植物并变成一个闪光点；当与其他植物一起应用时，它有助于奠定整个花园的基调。通常它是较大、较成熟的植物，或是外形有趣的植物，例如有点粗糙的植物或者有独特叶片的一棵树。

不同气候条件下的植物组合案例

在搭配植物时，要挑选一些需要相似光照和浇水条件的植物。下面是一些搭配成功的植物组合案例。

案例1：温和的庭院

小庭院很容易因为过多的植物种类而显得拥挤。为了获得简约的美感，要限制自己只选3种植物并成倍地种植，如可以选用一种高大的乔木、一种灌木和一种地被植物。这里展示了一个不错的组合，可以创造出一个舒适的庭院。

植物种类（右起）

垂枝桦 首先要选择一种人们第一眼会注意到的主景植物。垂枝桦优雅的特质和银色的树皮使其成为一个很好的中心饰品。秋季，它的叶片会逐渐变成亮黄色，创造出戏剧性的色彩效果。

迷迭香 从垂枝桦精致的叶片中汲取灵感，选用迷迭香作为一种中间灌木。层叠的叶片可以让花盆和植物间更好地建立联系，让你的花园落地，在主景树下填充空间而不与它争色。它非常适合干燥的花园，其流动性生长为盆栽花园增添了芬芳。

银瀑马蹄金 银瀑马蹄金延续了主景树的银色格调，创造出一种有纹理、有格调的叶片地毯。它很适合作为地面覆盖物，层层叠叠地从悬挂的花盆中溢出。

案例 2：干燥花园

管理更大花园可能会令人生畏，此时应选择一些可以适应干旱环境的植物。作为干燥和几乎野生种植的支持者，我喜欢以下具有强烈纹理层次的组合。即使任其自然生长，它们也会变成引人注目的花园。

当你为空间选择更多植物时，请注意花朵的颜色以及如何搭配叶片颜色和纹理。案例中用玫瑰、松果菊和虎刺梅搭配出了深红色和焦橙色。

为了融入可视化戏剧效果，可以将浅色和深色树叶搭配。当薰衣草和澳蜡花的组合与月季和松果菊的组合搭配时，可以使叶色显得更明亮。

植物种类（左起）

薰衣草　一种低矮的灌木，有着柔软的灰色叶子，可以承受夏天的炎热。随着其不断生长，能创造出花园漂亮的边界，也可以盆栽在花盆中修剪成球状。品种很多，可以在一年中的不同时间开花。

澳蜡花　一种澳大利亚本土灌木，拥有漂亮的银色叶片和紫色的杯状花朵。它不喜欢潮湿，因此很适合干燥的环境。

地锦　这种匍匐生长的地被植物能用精致的深绿色叶片填满整个花园。

松果菊　在众多颜色中显露出引人注目的头状花序。

虎刺梅　一种开花的多肉植物，长有针刺，可以形成浓密的灌木。

玫瑰　没有人会面对玫瑰而不倾慕它的美丽。可以在花园的角落种植玫瑰，或者让它们爬上金属线，在温暖的月份带来一片色彩缤纷。

案例 3：一种干燥的基调

对于那些以盆栽为主的花友，即使是简单的添加和布置，也可以为一个被忽视的角落增添活力。如果你正在寻找低维护的品种，请坚持选用耐旱植物或地中海植物。它们能忍受短期的恶劣天气并通过简单养护即可重返生机。

植物种类（从顶部开始）

油橄榄 这种耐旱灌木很适合盆栽和地面种植。它的银色叶片和粗糙的特质构成了一个有趣的特色植物，可以作为花园的屏风。

唐印 唐印（或相似的多肉植物）能长出成堆硕大而肥厚的叶片，将油橄榄精致的叶片与视觉上比较厚重的植物进行配对，能为花园添加视觉上的厚重感。

案例 4：丛林三件套

如果你担心室内丛林过于茂密，可以从一个"丛林三件套"开始。要考虑一下高度和规模，例如植物会长多高、需要填充和软化多少空间。

植物种类（左起）

五彩千年木 在这个组合中，五彩千年木的高度非常适合放在角落。优雅、瘦长的叶子很坚韧，能够将水分储存在树干中，因此可以承受长时间的干旱。

垂枝绿珊瑚 这些热带雨林多肉植物通常会开花，可以作为盆栽套种植物，放置在架子上，或置于吊篮中层叠种植。

蓝星水龙骨 一种独特的蓝叶植物，有手掌状的大叶子。

尝试新优品种

大自然是非凡的，植物的种类数不胜数。你可以尝试选用不太熟悉的有趣植物进行试验。不太常见的植物在增添兴趣的同时，偶尔也能挑战你的园艺技术。以下是一些不错的选择。

青绿柱 一种雕塑般的仙人掌，能提供强烈的建筑元素。备选植物：虎刺梅。

澳蜡花 一种澳大利亚本土灌木，拥有漂亮的银色叶片和紫色的杯状花朵。它不喜欢潮湿，因此很适合干燥的环境。备选植物：粉色铃铛。

银瀑马蹄金 长着银色的叶子，适合用在多种空间，可以作为地被植物层叠在花盆里，并从悬挂的花盆上垂落。备选植物：翡翠瀑布马蹄金、玉珠帘。

异叶南洋杉 整体呈圆锥形，长有柔软的绿色针状叶子，成为适合任何栽培环境的坚韧品种。只要有足够的空间生长，就能在你的花园高高耸立。备选植物：智利南洋杉、昆士兰贝壳杉。

迷迭香 非常适合干旱的花园，层层生长能让盆栽容器充满芬芳的叶子。备选植物：弦月。

生日蜡烛佛塔树 这种矮小的佛塔树能紧凑而密集地生长，很适合小花园。它的刷子状花朵会吸引多种野生动物，并形成奇妙的布局。备选植物：胭脂佛塔树。

酒瓶兰 一种不寻常的物种，长长的、下垂的叶片生长于粗壮的大树干上。备选植物：五彩千年木。

仙人球 生长于成组的多刺的球体中，这些易照料的植物将随时间推移填满任何花盆。它们喜欢阳光，会长出一些持续时间很短但令人惊叹的鲜艳花朵。备选植物：海滨苹果。

蓝星水龙骨 它有独特的蓝色叶子，大大的，像手掌一样。备选植物：连珠蕨、鹿角蕨、纽扣蕨。

Chapter 3
打造专属城市绿洲

在设计花园时，记住要让它成为个性的延伸。它需要与你有关，而不仅仅是你在杂志上看到的内容。我总是观察植物纹理和生长习惯，将它们与空间中的设计元素联系起来。这些元素与你有关，因此应该扩展到你选择的植物和花盆。例如，如果你想要为空间增添一些特色，也许会选择一棵粗糙或者被风吹乱的树，看起来很像在野外生长的。为了更整洁的外观，你可以选择株形完美且对称的植物。但是你需要考虑花园的生长空间，包括面积、条件、风格和流动性。本章将带你走进不同的城市空间，从私人阳台、庭院和入口到公共办公区、咖啡厅以及商店。它将指引你了解每种空间的需求和挑战，展示一些欣欣向荣的美丽花园，激励你开始创建自己的花园。

阳台

　　阳台是经常被忽略的场所，光秃秃的只能用来晾衣服。但对我来说，它们可以成为绝佳的小空间花园，为种植观赏植物和食用植物创造了很方便的空间。

　　打造阳台花园的关键是给植物提供遮蔽。阳台暴露在外界，面对狂风和强烈阳光。但是如果可以改变这些条件，打造出一个阳台花园，你将拥有一片绝佳的小绿洲，你的家会成为一个清幽之处。

　　在设计阳台花园时，你需要考虑空间大小。一般阳台占地有限，我建议为家具留些空间，以便你能坐在绿洲之中。可以把较大的花盆固定在阳台角落，然后从那里向下分层。用一些较高的植物来建立高度，庇护内部植物免遭极端天气影响。阳台适合种植能够应对大风和干燥的耐旱植物或温带植物，以及许多效果良好的沙漠植物和地中海植物。

　　利用阳台的现有结构来激发种植灵感。阳台栏杆通常很丑，但是能为攀缘植物和悬挂花盆提供绝佳支架。如果有一个天花板，可以悬挂一些吊篮，里面的植物最终会层叠生长成一面叶子墙。

　　耐旱植物是阳台的绝佳选择，例如多肉植物、柑橘、橄榄、迷迭香和其他乡土植物。如果空间狭窄，可以尝试种植彩云阁、青绿柱，它们都可以紧凑种植，成为空旷角落的高大植物。

古老阳台

　　古老的阳台充满了历史的韵味，能激发你使用一些不曾想到的植物。这个阳台种植了天竺葵等植物，仿佛带你回到开花植物备受推崇的时代，与这座传承下来的建筑完美匹配。这个阳台暴露在室外，因此应选用耐旱植物。室内和室外都摆上植物，可以让这个狭窄的阳台看起来大一些，也能为阳台主人隔出一个小空间去静坐和思考。

种植建议

扩繁你的花园不需要花太多费用。天竺葵和多肉植物很容易繁殖，只需要简单地从母本上剪下枝叶并直接种到土里（121页）。

光照条件：（阳台）部分阳光/良好光照；（室内）部分阴影/斑驳光照

▶ 植物（左起）：（阳台花盆槽）丝兰、天竺葵、翠绿龙舌兰；（阳台花盆）五星花、雏菊。

▼ 植物（左起）：绿萝、龟竹背、花叶万年青、球兰、白鹤芋、齿叶橐吾。

公寓阳台

这个阳台在清晨拥有充足的阳光，呈现一种干燥的美感，即使缺水或暴露在强烈的夏日阳光下，依然能够生机勃勃。靠近栏杆的较高植物保护着下方的较小植物。小花园要讲究平衡，可以通过把较大的植物放在角落和用一系列较小的花盆和盆栽植物柔和边缘来实现。仙人掌和芦荟形成坚硬的轮廓，而棉毛水苏和吊兰则增添了柔软感。

设计锦囊

如果地面空间在你的家中很宝贵，可以在窗台种植植物，使叶片伸展而不必受限于空间。不必害怕花园靠近窗户，这样做可以形成完美的绿色溢出。在单色调空间中，用相似材料或自然材料制作的花盆能扩展中性色调。使用中性色调能保持空间平静，避免出现颜色冲突。

光照条件：部分阳光/良好光照
◀植物（左起）：金琥、棉毛水苏、仙人掌、大树芦荟、五彩千年木、银线象脚丝兰、芦荟、吊兰、圆叶椒草。

泳池边

　　每个人都梦想有一个泳池，可以在旁边的花园举办派对。想象一下，在郁郁葱葱的热带天堂中游泳，或静静地躺在泳池边。在泳池周围种植植物可以有效地屏蔽混凝土世界。泳池通常会暴露在强烈阳光下，显然不是最适合培育植物的空间，因此要选择可以在恶劣条件下生长的坚韧植物。图中这个泳池边混栽了能适应漫长夏天和抵御狂风的热带和耐旱植物，有女王椰子、桉树、葡萄、鹤望兰、爬墙虎和丝兰等，给泳池带来热带绿洲的感觉。树叶充满各个角落，人们可以在宁静之中或坐或躺。没有这些植物，这个泳池就只是一堆贫瘠的混凝土。

光照条件：全日照/强烈光照
植物（左起）：（对页，前景）葡萄；（对页，远景）女王椰子、桉树；（左下）爬墙虎、翠绿龙舌兰；（右下）鹤望兰、银线象脚丝兰、桉树。

庭院

在小空间里生活，庭院简直是一种奢侈品。如果你足够幸运地拥有一个庭院，那么一定要充分利用它。为什么不创造一个秘密花园吸引前来用餐的客人呢？郁郁葱葱的庭院营造出最美的屏风。我喜欢将它们作为呼吸的空间，用以平衡室内空间。庭院经常被建筑物挡住了宝贵的光照，此时可以混合选用坚韧的热带植物、耐旱植物和喜阴的温带植物。

用植物来平衡大面积的混凝土或瓷砖，让植物创造出季节性"凉亭"，在炎热季节可以提供遮蔽。城市庭院通常是平坦的，有着坚硬的表面，因此我总是尝试引入一系列纹理来软化砖石、混凝土和外墙。对于粗糙的外墙或篱笆，可以种植攀缘植物，例如薜荔、常春藤、五叶地锦、爬墙虎。它们在视觉上会扩展建筑空间，通过正确养护和修剪，最终会形成一面绿墙，或许有一天在你需要时能够带你"消失"片刻。

光照条件：（靠着黑色的墙）部分阳光/斑驳光照；（屋檐下）部分阴影/光线充足
植物（左起）：络石、八角金盘、鹅掌柴、绵毛水苏。

租来的庭院

在小庭院里，尝试整合独特的花盆来创造一些有趣的层次。在这里，明亮的花盆在视觉上丰富了单调的空间，花盆与家具共同创造出一个有趣的庭院，而不是一个混凝土外壳。植物是根据庭院环境精心挑选的：鹅掌柴和八角金盘被屋檐遮挡，而络石则沿着墙边种植，确保接受足够的阳光，能够茁壮成长并软化它所攀爬的砖墙。用紧凑型植物装饰庭院意味着节省出大量的空间供孩子们玩耍。

设计锦囊

一层油漆可以快速和经济地使你租来的家产生归属感。

种植建议

如果植物种在坚固的结构下或大树下，不要忘记坚持浇水并定期检查它们。

城市庭院

这个庭院位于市中心，是在狭小空间中庭院的完美典范。这里缺乏持续的光照，空间只够人站立，地面还铺着金属网格，因此最好的做法是打造盆栽花园并保持简洁。白色花盆的简约和复古花盆的格调，让花园不会显得杂乱。这些紧凑型植物给坚硬的外表带来了柔软感，同时能够在有部分遮蔽的空间中茁壮成长。不要忘记给悬挂植物寻找机会，使其能像瀑布一样下垂，这也是为小空间带来更多绿色的好方法。

设计锦囊
用绿色填充一个小庭院可以让人欣赏自然美，从而为毗邻的房间带来生机。

光照条件：部分遮阴/斑驳光照
▶ 植物（左起）：合果芋、银瀑马蹄金、栎叶粉藤。

城市后院

  如果你很幸运地有一个后院，可以选用多种多样的植物，增加花园的深度和层次。这个后院在美学上有厚重的外观，种植观赏性植物来平衡可食用的农产品，以帮助住户免受刺眼的夏日阳光。专门建造的藤架将引导落叶葡萄藤形成一个绿色的天花板，夏天提供阴凉，冬天能透过阳光。抬离地面的花盆让香草与食用植物很容易被采摘和照料。各种香草、葡萄藤和玫瑰都喜欢充足的阳光。

光照条件：全日照/酷烈阳光
▼植物（左起）：各种香草、洋常春藤、酿酒葡萄、玫瑰。

野生庭院

　　通常来说，解决城市生活僵化的一个方法是拥有一个原生态的花园，以野生植物为主，不用精心布置，任其随季节变化。这种蔓生的庭院可以向邻居借景，使其看起来面积更大。使用加拿大紫荆等落叶树作为花园的主角，能够吸引人们更多的注意力。下方是各种颜色和纹理的叶片混合体，创造出高低错落的美感。从银瀑马蹄金的柔软色调到薜荔的深色调，我们得以欣赏到各种叶片的多姿多彩。

设计锦囊

将栅栏粉刷成深色可以使其在视觉上消失，让花园占据中心位置。如果你有足够的空间，为何不加入水景呢？有许多水生植物可以在盆罐或水缸中种植。

光照条件：部分阳光/光照良好
植物（左起）：（上）鼠尾草、加拿大紫荆、银瀑马蹄金、鸡爪槭、紫叶狼尾草、络石、薜荔；（右）荷花、金钱蒲。

入口和走廊

　　一个被有趣的绿植环绕的入口能展示出主人最热烈的欢迎。从大街上看，它提供了对住宅主人的一种洞察，并营造出温和的氛围。

　　大门两侧的盆栽植物就像是最温暖的问候。我倾向选择带有锈迹的漂亮旧花盆，它们能营造出与过去的联系。在入口通道里，植物不能占用太多空间，但是要有影响力，可以在大花盆中种植柑橘或成簇种植一系列多肉和仙人掌植物。

　　种植一些特色植物，再搭配上套种植物和分层植物，这样能够展示高度和层叠的纹理。如果还有一些空间，将一些不同花盆成簇排列。如果你喜欢多年生植物，可以套种一些时令花卉，放在花盆里，这样一来入口处在一年中就会不断呈现出变化，欣喜地问候来访的客人。

　　室外的最佳选择是玫瑰、柑橘、橄榄、鼠尾草、虞美人、紫叶狼尾草、芦荟、马蹄金、多肉和仙人掌植物，走廊上则可以种植绿萝、白鹤芋、雪铁芋和青绿柱。

一个盆栽的问候

　　没有比摆放你家门口的盆栽植物更吸引人的了。入口不仅是前庭，它还延伸到室内，模糊了室外和室内的界限。在布置时，可以使用群植，许多植物组合在一起会产生更具影响力的问候。

　　室外应挑选那些坚韧的植物，例如多肉植物、耐旱植物和地中海植物。如果前庭有一个花床，那么树篱和隔挡植物将提供一些隐私，成为你家和周围邻居间的缓冲带。室内应挑选紧凑型植物，不占用走廊空间，并能在弱光照条件下茁壮成长。

设计锦囊
使用有图案的花盆来打破植物间单一的绿色色调。

光照条件：（左下）斑驳光照；（右下）下午阳光/强烈光照；（对页）部分阳光/良好光照
植物（左起）：（左下）长叶肾蕨、绿萝；（右下）狭叶薰衣草、狭叶佛塔树、虎尾兰、迷迭香；（对页）油橄榄、燕子掌、银线象脚丝兰、狐尾天门冬、酒瓶兰、红缘莲花掌。

植物（左起）：（上）天竺葵、柑橘、银线条脚丝兰、翠绿龙舌兰、朱蕉；（左）天竺葵。

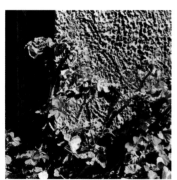

迷人的外表

你会情不自禁地爱上这个散发着魅力的淳朴花园。这个传承下来的住宅与植物相得益彰，使得每一个凹槽和建筑细节都有了意义。

适应性强的天竺葵遍布各处，与建筑的历史一脉相承。这些耐旱植物可以忍受恶劣的条件，在吸收阳光后，它们会定期展示花卉表演。这里也拥有20世纪50至70年代花园的回忆，是曾经最受欢迎的植物的家，例如柑橘、丝兰、刺梨、蓝蓟，所有这些都很容易维护并能适应恶劣的气候。

种植建议

不要害怕修剪植物，这样做会促进植物长得更茂密、更紧凑。

光照条件：全日照 / 恶劣光照
植物（左起）：柑橘、蒿、银线象脚丝兰、蓝蓟、刺梨。

楼梯绿植

　　楼梯通常是空白的，但是一两株植物会让这个狭长的空间显得不那么空旷。只需要在楼梯附近放置绿植，就能享受家庭或工作场所宁静的时刻。楼梯通常有斑驳的光线或弱光，建议选择可以忍受弱光条件的植物，例如绿萝和白鹤芋。

　　可以用植物架把叶片抬离地面。如果你把它们塞在角落里，它们就不会妨碍你在楼梯上跑来跑去。此外，将较小的植物从地面抬起来会让你更容易欣赏它们。

设计锦囊

植物架不需要特意制作，可以用有趣的凳子来支撑植物。

光照条件：斑驳光照
植物（左起）：（对页）绿萝、白鹤芋；
（左）白鹤芋、绿萝；（右）孔雀竹芋。

室内绿洲

我对室内花园情有独钟，植物塞满了我家的边边角角。当它们攀爬架子和墙壁时，似乎主导了自己的生活。无论是在家还是办公室，植物都可以使人们提高工作效率并减少生病的机会。我发现做园艺的过程极具治愈功能。

我倾向于热带植物，因为我家条件最适合做室内热带绿洲：温暖，能提供一系列光照条件，很像热带雨林。热带植物是完美的室内植物，因为它们善于适应所处的气候。并不是所有的家庭都热衷于热带绿洲。有些家庭夏季室内十分炎热和干燥，因此适合耐旱植物。有些人想要低维护的室内花园，也需要采用一些耐旱植物，它们即使在最少照顾下也可以茁壮成长。

热带植物在良好光照或斑驳光照空间中很容易照顾，如龟背竹、绿萝、鹅掌柴、五彩千年木和丝苇。对于极端或强烈光照空间，尝试种植多肉和仙人掌等耐旱植物，因为它们能较好地适应强烈光照和温暖的条件。

工人之家

　　工人之家有400多种植物，完全是一个室内绿洲。我收集了很多复古的、手工制作的独特花盆。对我而言，家是我本人的延伸，而不是尝试模仿另一个室内设计。我一直在寻找能表达自我审美的东西。这里的许多植物都是从家人和朋友那里剪下的，还有一些植物是从种植户和收藏家那里收集的。如果你也像我一样在这种室内丛林中感到舒适，那么一定要在你的室内花园中建立起秩序，为你的植物收藏准备好角落、展示架、窗台和桌面，让它们在特定区域内生长，而不是占领全部空间。

设计锦囊
壁架很适合小型植物。

光照条件：斑驳光照
◀植物（左起）：西瓜皮椒草、荷叶椒草、镜面草；
▼植物（右起）：槭叶青柴葛、蟹爪兰、孔雀竹芋、香荚兰、球兰。

▲植物（左起）：彩云阁、喜林芋、垂枝绿珊瑚、姬龟背竹、圆叶椒草、鹅掌藤。

▼植物（左起）：镜面草、圆叶椒草、球兰、断崖女
王、南非龟甲龙、垂枝绿珊瑚。

▼植物（左起）：龟背竹、豹纹竹芋、文竹。

光照条件：良好光照
植物（左起）：（左）栎叶粉藤、星蕨、
白鹤芋、长叶肾蕨、绿萝、合果芋；
（右上）金卓叶、长叶肾蕨、鹅掌藤；
（对页）鹅掌柴、白鹤芋。

室内格调

即使你的家像图中的公寓一样色调简单，绿色也可以很好地展现它的魅力。增添一片青葱的草木会给这个家带来一种有机的韵味。

白色和橡木色的花盆在视觉上并不显眼，可以避免与空间竞争。对于这种阳光充足的公寓，鹅掌柴、栎叶粉藤和长叶肾蕨等植物非常合适，它们喜欢吸收白天的阳光。如果你需要较大的植物填充空间，鹅掌柴是一个不错的选择。

设计锦囊

全面考虑你的室内设计，找到空间整合所有植物和家具。例如，尝试把长椅当作植物架子，同时为后期使用留出空间。

植物（右起）：八角金盘、芦荟、鹅掌藤。

光照条件：斑驳光照
植物（左起）：绿萝、雪铁芋、翠绿龙舌兰。

色彩游戏

　　无论是摆件还是植物，都可以给室内环境带来变化。建议为你的摆件和植物准备一个好的置物架。例如，开放式置物架很适合展示艺术品、陶瓷和植物。随着时间推移，你将拥有一面有趣的物品墙。

设计锦囊

可以用家具来训练你的植物，例如把绿萝缠绕在灯架上，它就不会碍事了。

种植建议

在水或土壤中进行扦插繁殖，这样可以很经济地收藏新品种。

内城生活

对于年轻的上班族来说，长时间工作后回到家像是一种逃脱，所以家里一定要成为可以真正放松的地方。植物有助于平静心绪、净化空气，让我们的家充满自然气息，温馨安宁。

绿萝、吊兰、荷叶椒草都有助于净化空气。用这些植物起步，然后扩展到其他你喜欢的植物。可以用耐旱植物与热带植物混栽，营造出多样的美感。

设计锦囊

把植物放在家具后面，为沉闷的角落带来活力。

光照条件：良好光照
植物（左起）：（左下）绿萝、莲花掌、吊兰、荷叶椒草、丝苇；（右下）豪爵椰、巢蕨、芦荟。

光照条件：斑驳光照到良好光照
植物（左起）：（对页）八角金盘、绿萝、长叶肾蕨；（左）孔雀竹芋。

有质感的客厅

　　我们每天会花很多时间在客厅里。这些空间应该富有亲和感和质感。对页图中的房间光线较暗，一部分区域光线良好。绿萝从壁炉架上垂下来，刚好能适应房间内的弱光照，而上图中的孔雀竹芋则完美地放在光线充足的地方。

　　在质感丰富的室内设计中，尝试通过叶片增添郁郁葱葱的纹理和图案。绿萝的大理石彩纹、长叶肾蕨复杂的叶片以及孔雀竹芋的图案化叶片与室内的其余部分相得益彰。

设计锦囊

边桌很适合抬升你的植物，使它们在房间内显得更加平衡。

种植建议

如果植物被放在弱光中，偶尔将它们轮换至较明亮的位置会是个不错的主意，这将使它们更加繁茂。

浴室

在浴室里布置植物并不难，可以整合一些让你感到平静的植物。热带植物很喜欢浴室这种潮湿的环境，如白鹤芋、球兰、春羽、棕榈和蕨类。

设计锦囊

观察和思考一下浴室镜如何反射空间中的景物，你也许会发现自己挺喜欢镜中展示的植物。

光照条件：（上）斑驳光照；（左）弱光照；（对页）良好光照

植物（左起）：（上）球兰、白鹤芋；（左）革叶蕨；（对页）银线象脚丝兰、印度榕、鹅掌柴、白鹤芋、阔叶假槟榔、春羽。

卧室

　　卧室是我们充电的地方，是最理想的绿化空间。当我们睡觉时，植物能净化室内空气。并非所有卧室都很宽敞，如果空间很紧凑，你就要思考把植物放在不会太占空间的地方。可以把它们放在床头柜上、角落里、长椅等家具的旁边。要选择那些不会水平生长的植物，如虎尾兰或仙人掌，它们不会占据太多宝贵的空间。

设计锦囊

把书籍等物品与植物相结合，使空间显得更加一体化。

光照条件：良好光照
植物（左起）：（左）革叶蕨、翁柱，（下）琴叶榕、八角金盘；（对页）白鹤芋、虎尾兰。

光照条件：（对页）斑驳光照；（上及右）良好光照
植物（左起）：（对页）长叶肾蕨、龟背竹；（上）印度榕；
（右）各种仙人掌和多肉植物、蓝星水龙骨。

店面之家

　　我们发现越来越多的创意工作者在同一个地方工作和生活，每天从上班切换到下班会有不小的挑战。这个时候，植物可以提供帮助。你可以布置室内植物，使它们在工作区和生活区中保持微小的间距，但要保证工作区相对独立，以便你工作时能集中注意力。毫无疑问，工作繁忙也就意味着空闲时间很少，因此要选择一些易养护的植物，如多肉植物、仙人掌、龟背竹和印度榕。

种植建议

陶土花盆透气性较好，种在里面，植物会干得很快，可以选种仙人掌这类比较耐旱的植物。

公共空间

　　绿色城市空间不应该仅限于我们的家。我们每天都在公共场所花费大量时间，如办公室、购物中心、咖啡馆、餐馆和便利店，但那里一般没有多少绿植。想想城市中有多少未被使用或没有任何自然痕迹的地方吧。如果世界上每一栋建筑都加入一点绿植，那么城市环境一定会变得大不相同。

　　21岁时，我和大多数澳大利亚人一样，决定收拾行装前往世界的另一边。我对建筑和景观的好奇心引导我去了伦敦，后来又花了18个月背包旅行，游览了欧洲、非洲和印度。从伦敦这样的拥有众多历史建筑的城市到马拉维中部，我意识到自然的重要性和周围环境对社区的影响。我们不需要最新潮的小物件逗趣，而是需要人与人之间、人与自然之间真正的联系。

　　近年来，我们看到很多城市正在让死寂的都市空间焕发生机。我有幸在冬季和夏季两次游览了纽约的高线公园，亲身体验了这座城市花园怎样将城市与自然联系起来，在如此忙碌的城市为周边居民提供一个喘息之地。城市中还有太多未充分利用的空间，因此，我们需要从不同角度靠近它们，种上能够茁壮成长的植物。

补充你的空间

我经常会被问到什么是设计室内和室外公共空间最有效的方式，我的回答是融合装饰和植物。为什么是植物呢？下次当你靠近一个充满绿植的公共空间时，停下来观察走过的人群。你会发现他们的反应总是混合着惊叹和启发，那是一种满足和平静的感觉。

在公共空间里设计植物需要准确地关注细节。对我而言，这些小事情却能带来很大的影响。我喜欢店面里的植物压在玻璃上旺盛生长以至于长到天花板上。想象一下，办公室里满满的绿植，可以为长时间工作中的我们提供清新纯净的空气。在设计公共空间时，植物通常是设计中考虑的最后一件事，但它们会亲密无间地融入任何空间。没有什么比笨拙地摆在入口处的黑色塑料盆罐更糟糕的了。你应该像对待其他设计元素一样对待植物，把空间中材料表达的语言传递到所挑选的植物和花盆中。

想创造一个独特的空间，一定要坚持一些关键元素，就像一个画家坚持使用特定的调色板一样。有些空间能很自然地融入某种特定的设计风格，而其他的则需要你去挑选一种表达你个性的风格。一旦你建立了一种审美，就制定一个风格指南，即一个关于你喜欢什么材料、颜色和家具的视觉板。在设计空间各种元素时，它可以指导你做出决定。问自己一些问题，如我选择了极简主义的椅子，这种叶片质地会像椅子一样平静和简约吗？现在的空间很平淡，我想要添加一些纹理，可否试试像苏铁这样有趣的植物呢？

尽量保持植物和花盆风格简约，能与墙壁、地面和家具材料互补，这样可以充分利用现有空间的美感，使空间成为一个有机整体。通过创建风格指南，你的造型添加物将成为有意识的决定而不是临时起意。

在公共场所与植物合作

与布置家居空间不同，为公共空间挑选植物需要一些略微不同的方法。公共空间通常人流量大，自然光较少并且空气流通差，结合周围环境挑选合适的植物是确保它们能茁壮成长的关键。下面是一些需要考虑的重点。

弱光照

像办公室、便利店和餐馆这样的公共空间往往是弱光照环境，你要注意这类空间能接收到多少阳光和阳光能照射到哪里。即使光照并不多，也要把植物摆放在能够接收最多光照的位置。

有时候，空间中一点儿阳光也没有，但这不意味着你只能选择人造植物。相反，你可以挑选坚韧的耐弱光植物，每1~2周轮换它们到自然光下，并应该保持在光照下放置2周时间。我们喜欢称之为"植物传送带"，植物在其中不断转换空间以确保它们获得所需的光照。

推荐植物 一叶兰、雪铁芋、喜林芋。

强光照

室外的公共空间通常暴露于强光照下，因此要选择能够适应干燥和干旱条件的植物。可以考虑来自沙漠的品种，它们已经进化出能够忍受强光照的能力。如果你想种植需要遮蔽的植物，一定要先种上能够保护它们的大型乔灌木，或者使用遮荫网、亚麻布来保护敏感植物免受强光直射。

推荐植物

＜室外＞ 鸡爪槭、垂枝桦、马蹄金、绵毛水苏、鹅掌柴、银桦、佛塔树属、迷迭香、鼠尾草、蒿属、榕属、玫瑰。

＜室内＞ 昆士兰贝壳杉、鹅掌柴、沙漠棕榈树、大多数多肉和仙人掌植物。

通风不良

公共空间在良好的空气循环和流通方面往往有困难，这可能导致病虫害发生。在通风不良的空间中，尝试使用叶子浓密的植物或沿着地面爬行的植物。它们通常可以承受强烈的气流，但当空气静止时它们也不会有压力。尽可能多开门窗，让新鲜空气进入。

推荐植物

＜室外＞　一叶兰、八角金盘、马蹄金、紫罗兰、榕属。

＜室内＞　一叶兰、雪铁芋、绿萝、喜林芋、白鹤芋。

高人流量

如果植物暴露于大量的人群中，叶片经常被好奇的手指损伤，那么请避免种植叶子娇嫩和精致的植物，要选择能够承受或阻止人为破坏的强健植物。

推荐植物

＜室外＞　大部分多肉和仙人掌植物、油橄榄、紫叶狼尾草、芒、迷迭香。

＜室内＞　一叶兰、绿萝、虎尾兰、喜林芋、白鹤芋。

人工加热和制冷

我们喜欢舒适的室内温度，但人工加热和制冷会影响植物生长并在叶子上产生难看的瑕疵。如果将植物与通风口保持距离无济于事，那么选择可以承受更多冲击的坚韧植物是不错的办法。

推荐植物　一叶兰、绿萝、虎尾兰、喜林芋、白鹤芋。

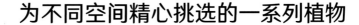

为不同空间精心挑选的一系列植物

在完美的世界中，我们会在所有公共场所种上植物。但有时候说起来容易做起来难，尤其是当你不知道从哪里开始时。应用植物有助于你了解所处的空间，知道如何有效地设计空间。恐怕你最不想做的事就是选择了错误的植物并让它们在种植不久后死亡。在城市空间应用植物不需要过于复杂，以下这些简单的建议就很有帮助。

传统办公室

许多人每天把大部分时间用在工作上，但是为什么办公室却经常看起来特别没有生机？在美学上，工作空间中的植物能够净化空气，减少生病的机会，使你在工作中更快乐。可以在办公室的所有表面上都布置好各类植物，创造出一个工作区丛林，而且我认为，植物越多，你就会越快乐。

推荐植物 龟背竹、一叶兰、绿萝、虎尾兰、喜林芋、白鹤芋、吊兰。

光照条件：良好光照

植物（左起）：垂叶榕、豪爵椰、垂枝绿珊瑚。

光照条件：（左）良好光照；（上）强烈光照；（对页）斑驳光照

植物（左起）：（左）绿萝、心叶蔓绿绒、长叶肾蕨；（上）垂枝绿珊瑚、大树芦荟、心叶蔓绿绒；（对页）绿萝、花烛。

展览型办公室

随着工作方式的转变，传统办公室已经演变成一种让员工和客户都能享受设计感的空间。我们不断重新评估工作文化，并思考某些特定元素如何使工作环境更加优化。传统办公室是办公桌的海洋，但是目前正在改变，更多人在用脑海中的植物设计它们。

要保证事先选好的植物能在我们设计的空间中存活下来。从图中可以看到，我们选择的植物能够整合到存储单元中，它们可以附着在墙壁上继续攀爬，或者靠近座椅，带来植物和家具边界之间的模糊感。

种植建议

这种高度暴露的窗户能接受强烈光照，非常适合打造成一个干旱的花园。

设计师办公室

设计师办公室有自己的审美，但是它们都受益于精心设计的方案。要注意寻找细节，例如颜色基调、有什么类型的家具以及花盆放在哪里能与内部风格相辅相成。引入植物通常是为了改善人造环境，给人舒适的视觉享受，缓冲大量家具或宽大的墙壁带来的压力。

设计锦囊

入口处的植物可以使办公室更受客户欢迎。在会议桌上使用小型的桌面花盆，能给会议带来轻松的氛围。不要在书架上放置大量物品和摆件，用一两种层叠植物可以产生不一样的效果。

桌面植物可以使工作场所更加令人愉悦，注意颜色的搭配，让植物与办公室已有的艺术品或材料更加和谐。

种植建议

如果你的办公室里没有自然光，可以选择弱光照植物，每2周把它们轮换至有自然光的空间。

光照条件：（对页）良好光照；（左）斑驳光照

植物（左起）：（对页，顶部）鹅掌藤、栎叶粉藤、合果芋；（对页，底部）白鹤芋、长叶肾蕨、绿萝、八角金盘；（左）绿萝、心叶蔓绿绒；（左下）绿萝；（右下）印度榕、灰绿冷水花、绿萝、紫竹梅、长叶肾蕨。

咖啡馆和餐馆

　　植物给咖啡馆和餐馆带来很多生机，空旷粗糙的空间提供了完美的焦点和背景。可以使用植物作为桌子之间的缓冲带，使得空间对顾客来说更加私密。如果桌面空间不足，可以用架子来摆放绿植。将植物添加到嘈杂的空间还有助于减少噪声。

　　推荐植物　鹅掌柴、龟背竹、孔雀竹芋、一叶兰、绿萝、虎尾兰、喜林芋、白鹤芋、吊兰。

种植建议
种满香草的花盆可以给你的厨房带来新鲜的食材。

光照条件：斑驳光照
植物（左起）：（下）大琴叶榕、鹅掌柴；
（对页，左上）垂枝绿珊瑚、弦月、波士顿肾蕨、吊兰；
（对页，右上）各种柑橘和香草；
（右下）波士顿肾蕨。

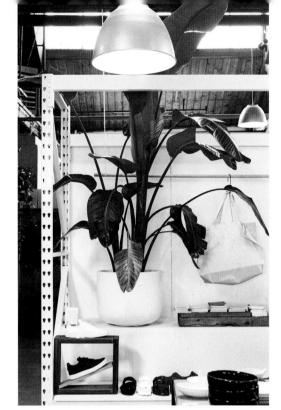

光照条件：（左上）良好光照；
（右上）斑驳光照；（左下）弱光照。
植物（左起）：（左上）绿萝．龟背竹；
（右上）：鹤望兰；（左下）龟背竹

光照条件：良好光照。
植物（左起）：绿萝。

设计锦囊

在零售空间，目的是销售更多产品。一片产品的海洋常会让顾客生畏，而引入零星的植物正好可以完美地突出产品。

商店

在这个瞬息万变的世界中，我们在商店里看到各种生动的绿植无疑也能治愈心灵。它突出了产品，不仅创造了空间上的间隔，也在精神上给了人们喘息的机会。中小型植物可以在陈设之间形成些许空隙，而大型植物则可以丰富空荡的角落。

推荐植物　鹅掌柴、仙洞龟背竹、绿萝、虎尾兰、喜林芋、白鹤芋、椒草。

Chapter 4
植物的养护管理

照看植物和花园并不总是那么简单。如果你能从周围的朋友、家人和邻居那里获得一些简便易学的建议，一定会对你有所帮助。有时候虽然对其他人管用的方法也许不适合你，但是它们将引导你走向正确的方向。

培育植物和维护花园大部分情况下是治愈和平静的。唯一让我感到有压力的是突然间不得不长时间离开家，当时我进入了"伤亡预防"模式，计算离开的时间以及需要在离开前给花园里的宝贝们浇多少水，这样我就不用急着回家抢救它们了。植物养护其实并不复杂，系统地掌握了养护方法，就会像在公园里散步那样简单。你会发现那些促进植物在困难环境中茁壮成长的方法始终离不开一些根本要素，即水、光和营养。

日常管理

　　可供选择的植物如此广泛，弄清楚如何照顾它们可能令人胆怯。当你感到不知所措时，别忘了园艺有数百年的历史，不要期望在几周内就能全部学会。这需要时间，即使你认为一切都尽在掌握之中，大自然也会出其不意地刁难你。

　　无论大小，一个完美花园的关键是有一个坚持不懈的园丁。如果你只是偶尔关心它，那么终将徒劳无功。你花费越多时间照顾植物，学到的知识就越多。

　　以下是我在园艺生涯早期采用的日常养护方法，至今仍在使用，希望它们能帮助你增强照料花园的信心。

照料植物本身就是一个治愈心灵的过程。随着时间推移，你将建立自己的技能，园艺会变成你的第二天赋。

播种繁殖

从种子开始种植是一种无需花费大量资金即可扩繁植物的简单方法。大量植物可以从种子开始生长，从食用植物到多肉植物，种类不计其数。一定要参考包装说明来确定播种的合适时间，确保它们正常发芽。

材料：
手套（可选）　播种器或竹签
小篮或花盆　　种子
育苗土

1 用营养丰富的育苗土填满小篮或花盆。一定要轻轻用手指按压土壤并重复操作，直到土壤表层距离花盆顶部1厘米。

2 用播种器或竹签在土里创造一个播种槽。

3 沿着播种槽撒播种子，使它们均匀分布。

4 沿差播种槽回填一层薄薄的育苗土，再小心地浇足水分，直到表层土壤均匀湿润。把它放在窗台等明亮的地方，但要避免阳光直射。

扦插繁殖

　　我最喜欢的植物繁殖方法是从现有植物中剪枝扦插，这也是与朋友和家人分享植物品种的好方法。可以繁殖多肉植物、仙人掌和热带植物来装饰你的花园。

材料：

手套（可选）　　　盆栽培养土
修枝剪　　　　　　播种器或竹签
花盆　　　　　　　生根剂（可选）

1 选择进行扦插的母本植物。挑选一株健康茂盛的植物，保证新植物有一个良好开端。

2 用修枝剪从母本植株上获取一些茎插条，要从茎节或分枝下方整齐切割。理想情况下，插条长度为5～10厘米。

3 用盆栽培养土填充花盆（要根据正在繁殖的植物需求选用合适的盆栽培养土，还可以混合一些优质复合肥）。可以将插条种植在塑料盆中或直接放入装饰性花盆中，一定要轻轻用手指按压土壤并重复操作，直到土壤表层距离花盆顶部1厘米。

4 用播种器或竹签在培养土上为插条打孔，孔深约为所选插条长度的1/3。

5 将插条底部浸入生根剂（如果使用），然后把它们插入打好的孔中。用手指按压插条周围的基质，填充任何可能存在的空气缝隙。

6 完成。

整形修剪

你可能认为对植物进行整形修剪会很难，但它确实有助于促进新的生长。何时整形修剪取决于植物类型，一般要在生长季节之前修剪。

材料：
修枝剪

1 选择需要整形的植物，通常植物会向一侧生长或缺乏丰满度。

2 开始将一部分植物修剪回你喜欢的高度，并以此作为标准进行后续修剪。修剪茎的最佳位置是在茎节或叶子上方。注意要按照对角线修剪枝条。

3 逐步修剪整株植物的枝条，一定要时不时地后退几步观察一下，用你的眼睛来判断形状。

4 如果你想要促进植物紧凑地生长，可以把植物修剪得更矮更密。

牵引

　　如果你想让幼小的植物以某种方式生长，它们通常需要一些牵引，尤其是能在野外长成树的藤蔓植物。格子架能让植物在垂直方向生长，金属丝将有助于引导它们长成你喜欢的形状。

材料：
木桩、格子架或拱形架
绳索或金属丝
修枝剪

1 挑选需要引导的植物。

2 在花盆后方放置木桩、格子架或拱形架。用细绳或金属丝将树枝固定在辅助物上。

3 修剪杂散的树枝，促进植物更浓密地生长，形状更饱满。

4 完成。

摘除残花

当开花植物上的花朵开始枯萎或死亡时，应摘除残花以促进其进一步
开花和新的生长。对于罗勒等食用香草，可以用指甲摘除花茎的顶端，以
防止它们开花和结籽，还可以促进分蘖并有助于控制高度。

材料：

修枝剪

1 选择一株需要摘除残花的植物。

2 修剪残花以恢复健康生长，通常在花茎下方会长出新花。

3 要把整株植物上的残花都剪掉。

4 继续剪除枯萎的花，保留仍然新鲜的花朵。

移植

为了让植物快乐地生长,最好每1~2年做一次移植。当你看到根部从花盆的排水孔长出或当你按下花盆的侧面感觉到土壤很僵硬时,说明植物已准备好进行移植了。当移至更大的花盆时,尽量在根球和花盆边缘留出不少于15厘米的距离。

材料:

手套(可选)	泥铲
黄油刀或扦子	盆栽培养土
修枝剪	缓释肥或有机肥
置换盆	

1 在现有的花盆中使植物根系松散。如果是在塑料盆中,可以轻轻挤压盆的两侧使土壤松散;如果是在坚硬的花盆中,可以用黄油刀或扦子沿着边缘内侧使根系松散。

2 用手握住土壤上方的植物枝干,将花盆倒置,将植物移出。必要时可以轻轻敲打花盆使其松动。

3 用手把植物根系弄松散。

4 把根球剪掉约2厘米,有助于促进新鲜根系生长,且不会伤害到植物。

5 在新花盆中铺一层培养土,同时按说明混入一些缓释肥。把植物放在土里,使根球顶部位于盆缘下方1~2厘米处。

6 用盆栽培养土回填,按缓释肥说明进行施肥并立即浇水。

整理根球

如果你很喜欢现有的植物和盆栽组合，你不需要总是移植，只需要修剪部分根球并重新放回去即可。修剪根球可以提供更多的生长空间，也能促进新的、健康的根部生长以吸收更多养分。

材料：

手套（可选）　　泥铲
黄油刀或扦子　　盆栽培养土
修枝剪　　　　　缓释肥或有机肥
置换盆

1 在现有的花盆中使植物根系松散。如果是在塑料盆中，可以轻轻挤压盆的两侧使土壤松散；如果是在坚硬的花盆中，可以用黄油刀或扦子沿着边缘内侧使根系松散。

2 用手握住土壤上方的植物枝干，将花盆倒置，将植物移出。必要时可以轻轻敲打花盆使其松散。

3 用手把根部弄松散，最多只能松散根球的1/3。

4 从根球底部开始，每次轻轻剪掉1厘米，避免碰触植株，最多剪掉根系的1/3。

5 在花盆中铺一层盆栽培养土，同时按说明混入一些缓释肥。把植物放在土里，使根球顶部位于盆缘下方1～2厘米处。

6 用盆栽培养土回填，按缓释肥说明进行施肥并立即浇水。

群植

　　低矮的植物适用于组合盆栽造景，在一个花盆中融入一组植物，共同形成美丽的桌面景观。选择两三种需要相同光照和养护条件的植物，将这些不同质地、形状和高度的植物组合在一起种植。

材料：

直径20厘米花盆　　黄油刀或扦子
泥铲　　　　　　　修枝剪
盆栽培育土
缓释肥或有机肥　　鹅卵石或陶砾

1 挑选花盆，围绕它选择植物和基质。

2 在花盆中铺一层盆栽培养土，按说明放入缓释肥。

3 将植物从原盆中取出，并修剪根球（126页）。

4 根据需要将植物栽种在新花盆中，并考虑将另外两个种在什么位置合适。如果你希望为植物的生长留出空间，可以让它们彼此相距2～3厘米。

5 对其余植物重复步骤2~4，把它们放在土里，使根球顶部位于盆缘下方1～2厘米处。

6 用盆栽培养土回填，按缓释肥说明施入缓施肥。根据需要完成表层覆盖并立即浇水。

压条繁殖

高压繁殖

高压繁殖是一种繁殖技术，它从依然附着于母本植物的茎或分枝上创造新的植物，通过在选定的分枝周围包裹泥炭藓或土壤来促进根部生长。在野外，当树枝接触地面和根部时，会自然地发生类似的过程。在家里，这是繁殖更多成熟植物的一种简单且经济的方法。

植物类型 果树、榕树等木本植物。

材料：

刀

刷子

生根剂

塑料袋（去掉提手和底部）

麻绳或金属丝

潮湿的泥炭藓

修枝剪

步骤：

1 挑选一枝比较直的、健康的枝条，长30～100厘米，直径1～3厘米。

2 在想要新根生长的地方，用一把锋利的刀削掉长2～3厘米的树皮。

3 在去除树皮后的裸露枝条周围刷一些生根剂。

4 用麻绳或金属丝将塑料袋底部系在枝条裸露部分下方3厘米处，可能需要先去除裸露枝条下方的所有叶子。

5 用潮湿的泥炭藓填充塑料袋，使其均匀地分布在枝条周围。继续填充直到裸露的枝条被盖住，但是在顶部要留

出空间，以便塑料袋可以被系住。

6 用麻绳或金属丝将塑料袋顶部系好密封。

7 接下来的几个月，注意观察泥炭藓，保证它湿润但不浸透。如果它变干了，可以小心地打开袋子顶部并适当浇水。当你看到健康的根系出现时，就知道空气分层植物已准备好被切掉了。

8 切掉塑料袋底部下方的茎，移除塑料袋，将新植株进行移栽。

低压繁殖

低压繁殖是一种繁殖室内植物和室外插条的简易方法，此时它们仍附着在母本植物上，在脱离母本前都可以愉快地从母本汲取营养。

植物类型 攀缘植物和蔓生植物。

材料：
小花盆
盆栽培育基
夹子或金属丝
修枝剪

步骤

1 挑选一根健康的枝条，最好是靠近植物底部、容易折弯的枝条。

2 用盆栽培养土填充小花盆。

3 把花盆放在母本植物附近，静置一会儿。在不切割或折断被挑选的枝条，将其引导至培养土上方并用夹子或弯曲成U形的金属丝固定。你可能需要移除一些接触到土壤的叶片。

4 保持土壤湿润但不浸透。当注意到长出新芽时，你就知道植物已经生根，枝条就可以被切除而与母本植物分离。现在新植物已经独立，保持它在当前的花盆中生长，足够大时就可以移栽，放在一个生长条件适宜的地方。

嫁接繁殖

　　嫁接是园艺师和园丁们所采用的一种繁殖技术，即从一株植物取下接穗，与另一株植物连接起来，使两者可以作为一个整体生长。这项技术能使植物长得更健壮、具有更强的抗病性。

植物类型　果树、榕树等木本植物。

材料：
嫁接刀
修枝剪
嫁接胶带

步骤：

1 要在一年中合适的时间为你挑选的植物进行嫁接。砧木应与从母本植物上取下的接穗直径相似。

2 在砧木上创造一个3～6厘米长的斜切口或V形切口。

3 选择一个接穗并从母本植物上将其切下。它应有10～15厘米长或2～3个芽的长度，去除所有叶子。

4 在接穗上创造一个长3～6厘米的斜切口或V形切口，就

像砧木一样，但是方向相反。

5 将砧木和接穗贴在一起，使它们的形成层（生长组织）对齐。

6 用嫁接胶带紧紧缠绕砧木和接穗，来固定和密封切口。

7 接下来的几个月，砧木和接穗将自然地融合在一起。

确保植物健壮的技巧

灌溉　为了减轻压力，可以安装一个灌溉系统来给室外植物浇水，这是让植物保持水分的完美方式，尤其是在你事务繁忙的情况下。

利用阴影　对于那些不喜欢太多阳光的植物，要把它们置于可以遮阴的树或物体下方。注意环顾四周，观察阳光如何在空间里移动，然后决定花盆放在哪个位置最好。

建立遮蔽空间　对于暴露在大风和强烈阳光下的空间，可能需要植物之间互相帮助才适合生长。可以使用遮阳网等材料为植物提供遮蔽，最好将它们聚在一起，这样坚韧的植物就可以为脆弱的植物提供庇护。

分层　创造分层的室内或室外花园可以提高植物群周围空气中的湿度，有助于植物茁壮成长。如果种植植物群，请确保植物（种植的重点）和伴生植物不会竞争阳光和养分。在挑选植物时，请注意它们的高度和株形。

小空间中的植物　大多数城市空间可能比你希望的要小，但是这不妨碍你用植物进行填充。使用植物架和悬挂式花盆有助于提升植物到合适的高度，与空间中的其他元素分离可以让它们得到充分呼吸。把植物从地面上抬起，从天花板横梁上垂下，或者将其悬垂在架子上，就可以利用空间中最好的光照条件，让植物快乐生长。这个原则也适用于户外空间，如走廊和阳台。

家庭堆肥

家庭堆肥是减少浪费和充分利用废弃物的好方法，而且做起来并不难。市场上有很多小工具可以让小空间中的传统堆肥变得可行和实用。蚯蚓农场就是很好的堆肥工具，可以让你回收食物残渣并将它们变成固体和液体肥料；紧凑小巧的堆肥箱也能让你轻松实现在公寓里的堆肥。

使用堆肥时，平衡很重要，不要过度施用，只需要将1份堆肥放入2份盆栽培养土中即可。使用时要确保堆肥冷却并混合均匀。

材料：
小型堆肥装置，如蚯蚓农场、城市堆肥器或自制厨余堆肥箱
有机废料，如水果、蔬菜、蛋壳、咖啡渣、枯叶、枯枝和茶叶
盆栽培养土
报纸或纸板（切碎的最好）

制作方法

堆肥的健康是很重要的。为了得到均衡的堆肥混合物，要准备1份绿色材料（植物鲜材和食物残渣）与4份棕色材料（纸板、秸秆、枯叶）。在堆肥箱底部放置约5厘米厚的上述材料的混合物，添加一些有机物质，最后在顶部铺一层报纸。每周搅拌一次为堆肥充气，保证空气和热量在其中流通，为活跃的微生物提供氧气。如果堆肥看起来很干，可以加点水使它湿润，但不能过量。

使用方法

当堆肥已经完全分解、看起来像黑色的土壤时，就可以用在植物上了。根据花盆的大小，在每个在盆里撒上1~2把堆肥，再用铲子将其与植物周围的盆栽培养土混合均匀。

表层覆盖物

为了防止过多的水分从花园或花盆中蒸发，可以考虑在顶层添加一层覆盖物，至少要有5厘米厚，通过在土壤和空气之间形成一个隔离层来保持水分。可以使用多种材料，取决于你喜欢什么以及什么最适合植物。

对于室外的盆栽植物，我更喜欢用树皮覆盖物。对于耐旱的品种，通常使用模拟它们自然生长环境的细砾石。挑选的覆盖物要体现空间的美学，看起来与周围环境格格不入的覆盖物会很糟糕。对于室内植物，不使用覆盖物，因为它会妨碍日常养护、阻碍土壤通气。

顶层覆盖物的类型

砾石

树皮

甘蔗渣

沙子

鹅卵石

Chapter 5
紧急情况处理

园艺并不总是按照计划进行，有时植物也会斗争。不要惊慌，你的植物会在它们不高兴时发出信号，你所要做的就是注意观察并保持冷静。记录下你第一次购买植物时它的外观，然后注意叶子在生长过程中的变化。注意植物的状态以及它们对气候、光照和空气质量是如何反应的。

定期养护是保持植物健康的关键。在春季和秋季开始时，可以在淋浴下或室外清洗植物的叶子。若出现极端天气，要尽快将它们带回室内。如果植物太大而无法移动，或者呆在原地更容易清洗它们，可以准备一桶混合了几滴清洁剂的水，用布蘸湿后轻轻擦拭叶子的正面和背面，以降低病害和虫害的风险。

解决植物问题的诀窍是列出可能出现的问题并逐一排查、解决，直到植物再次充满活力。首先检查基础条件：水、光和营养。其次，如果植物受到病虫害的困扰，要尽快查明是哪种病虫害正在影响它。注意那些典型的症状，这将指导你找到最佳的解决方案。

如果以上方法都不见效，那么也许是时候决定取舍了。这可能会是大动作，如大量修剪，但是请放心，植物比我们想象的要坚强。

应对不利环境的建议和技巧

光线不足的空间 从一开始就要选择需要较少自然光的植物。秘诀是挑选一些坚韧的植物，每2周将植物移到自然光更充足的空间中停留一小段时间。

不便进入的区域 在较少接近的空间或当你没有时间频繁浇水时，挑选耐旱植物。在室外空间，你可以安装一个简单的灌溉系统，能在干燥的季节辅助浇水。

劣质土壤 并非所有盆栽和花圃都有优质的土壤。如果土壤比较坚硬，吸水困难或水分过多，最好采取通风措施（151页），改善排水，混入一些吸水物质，再混入一些有机物质和堆肥，共同提高土壤质量（134页）。

通风不畅的空间 新鲜的空气对室内和室外植物都很重要。停滞的空气不利于植物健康生长。要经常开窗通风，哪怕是把植物放在人流量大的区域，也能为它们提供一点流动的空气。

炎热的夏天 天气转暖时要密切注意植物生长情况。当天气变得炎热时，需要更频繁地浇水以补充从土壤中蒸发的水分。当表层2～3厘米的土壤变干或植物枝叶下垂时，你就知道该浇水了，植物就是通过这种方式让你知道它渴了。覆盖是保持室外植物水分的好方法（135页）。

因度假而离开 去度假会给园丁带来压力，他们担心离开后植物该如何生存。对于少量植物，你可以将它们放在盛有水的托盘中，为自己争取一些时间。我不推荐将这种方式用于日常园艺中，但对于短时间内，尤其是在夏季，这有助于避免植物脱水。对于大型植物和地栽植物，需要拜托朋友来帮助照顾了。

租房 对于租户来说，设计居所是一个由来已久的难题。租户从来不会觉得可以在租来的房子中植入自己的个性标记，而用植物进行造型却可以实现：它们可以迅速将租来的房子变成一个令人感到踏实和舒适的空间。如果预算有限，你可以购买小型植物并将它们培育长大，同时为你的梦想之家节省开支。我建议使用中性色的花盆，因为不管设计趋势如何发展，它们过时的风险都比较小。

常见误区

人造光对植物起作用 不要指望人造光能滋养你的室内花园。除非你用了紫外灯，否则普通灯泡是不足以帮助植物健康生长的。

喷雾和浇水的效果一样 给植物进行喷雾处理并不能替代从根部吸收水分。正确做法是系统地给植物根部浇水，偶尔对叶片进行喷雾。

棕色叶片会重新变绿 一旦叶片变成棕色，就不会再变成绿色了。要及时去除枯叶，保持植物整洁。

瓶装水更好 我称之为"依云体验"。瓶装水对植物而言并不是更好的选择，而是完全不必要的花费，其实雨水就很好。然而我不希望每个人都为花园收集雨水，没有必要这样做，自来水就可以了。

一些植物即使被忽视也能茁壮成长 尽管这一说法很容易让人相信，但事实上所有植物都需要照顾。确实，有些植物在没有照看的情况下可以存活很长时间，但是如果你希望植物茁壮成长，建议每1~2周养护一次。

种在大花盆意味着植物会长得更好 当然不是。实际上，把植物放在一个对它来说太大的花盆里会有相反的效果。这会使植物容易处在过于潮湿的土壤中，导致烂根。循序渐进地进行换盆会更有效，避免影响植物正常生长。

植物生长难题

照料不周或过度照料都会导致植物生长遇到一系列问题，包括烂根、晒伤、霜冻、机械损伤、病虫害、施肥过度造成烧苗、过度缺水等。

40 ~ 43页介绍了常见季节性植物问题及解决方案，本页介绍了常见的植物病害治疗方法，142 ~ 144页详细介绍了虫害及处理方法，145 ~ 148页列出了应对病害或虫害的家庭疗法。

常见病害

病　害	症　状	治疗方法
炭疽病	叶片上有凹陷的黑色斑点	移除并丢弃染病的叶片，喷洒天然杀菌剂，在随后的几周内保持叶片干爽
叶枯病	叶片上有暗绿色水渍状小斑点，可以引起枯萎	移除并丢弃染病的叶片，喷洒天然杀菌剂，降低周围的湿度，不要喷雾
灰霉病	出现腐烂的棕色叶片，茎部带有模糊的灰色孢子，常常在潮湿天气下出现	移除并丢弃染病的叶片、花朵和茎干，喷洒天然杀菌剂，在随后的几周内保持叶片干爽
茎腐病	部分根冠或茎部变成棕色并变软	移除植物染病的部分并用天然杀菌剂浸透，土壤变干后再浇水
立枯病	根部腐烂，引起植物倒伏	移除受影响的植物，促进空气流通和排水，不要过度浇水
叶斑病	叶片出现小的环形黄色斑点或不规则的棕色斑点	移除并丢弃染病的叶片，喷洒天然杀菌剂，保持植物周围空气流通良好
白粉病	在叶片表面有白色至灰色的粉状病菌生长，有时在花瓣上	喷洒天然杀菌剂
锈　病	叶片背面有圆形的棕色孢子	移除并丢弃染病的叶片
煤污病	叶片、茎干和枝条上覆盖着黑色灰尘状斑点，有黏性的霉菌	用肥皂水清洗掉霉菌后，喷洒天然杀菌剂

常见害虫

粉蚧

这些有毛的白色小昆虫会取食叶片。如果长期不处理，会造成叶片变黄并死亡。

处理方法：清洗叶片后喷洒天然杀虫剂（145 ~ 148页）。

蓟马

这些微小的黑色昆虫从一株植物跳到另一株植物，留下银色污迹。它们取食叶片和芽使之扭曲生长，造成叶片斑驳和粗短。

处理方法：清洗叶片并喷洒天然杀虫剂。

介壳虫

附着在叶片和枝条上的棕色或黑色小疙瘩，会造成叶片枯萎、变黄并慢慢死亡。介壳虫有时会在叶片和枝条上分泌黏性残留物。

处理方法：手捉或轻轻擦掉叶片和枝条上可见的介壳虫。也可使用杀虫剂喷雾，如印楝素杀虫剂（145页），但在柔软、脆弱的叶子上使用时要小心。

毛毛虫

这些爬行类昆虫有多种颜色，能钻入叶片并将粪便排在外面。

处理方法：手动移除它们，一定要注意查看叶片的背面。

蜗牛和蛞蝓

这些饥饿的生物会取食叶片，在身后留下闪亮的痕迹。

处理方法：手动移除它们，一定要注意查看叶片背面、花盆底部和边缘。如有必要，使用蜗牛和蛞蝓诱饵，但是要小心周围的孩童和宠物。还可以制作"啤酒陷阱"，将啤酒装进小的容器并将其放置在花园苗床上，蜗牛和蛞蝓将被啤酒吸引并被困住。

蠼螋

一种棕黑色的昆虫，带有钳状尾巴，会在叶片上留下锯齿状的洞。

处理方法：手动移除它们，一定要注意查看叶片的背面。如有必要，稍微给植物做一下修剪。

马陆

这些爬行昆虫存在于土壤中或花盆周围，以根茎为食。

处理方法：定期清除植物周围的旧碎屑并保持该区域清洁。清洗叶片并喷洒天然杀虫剂。

蕈蚊

微小的黑色飞虫，在潮湿的土壤中繁衍生长。

处理方法：处理成虫时要使用黄色粘虫板。处理土壤中的卵时，先从花盆中移除腐烂的植物组织和表层2 ~ 5厘米的土壤，等剩余的土壤变干后，再用印楝素杀虫剂喷洒（145页）。需要多次处理，每次间隔5天。

叶螨

这些吸食汁液的昆虫就像红褐色的斑点，取食叶片，最终使叶片变黄。

处理方法：将几勺清洁剂用水稀释，并用它擦拭叶片，然后用印楝素杀虫剂处理叶片（145页）。每5天重复一次直到叶螨消失。

粉虱

一种白色的小飞虫，能引起叶片变黄并脱落。

处理方法：喷洒天然杀虫剂。需要多次处理，每次间隔5天，直到飞虫不再出现。

蚜虫

小小的绿色昆虫，吸食植物汁液。

处理方法：喷洒温和的肥皂混合液或天然杀虫剂。

143

其他

鸟类

鸟类可能在花园中肆虐，例如挖掘植物周围的土壤、折断树枝、吃掉果实等，但它们也可能成为花园的绝佳捕虫能手。

处理方法：用网罩上食用植物，确保没有开口。

袋貂

袋貂会让园丁抓狂，它们吞食树叶，通常会导致植物死亡。

处理方法：有许多预防措施和治理方法，如用辣椒（145页）、大蒜（146页）以及商店购买的袋貂威慑剂来喷洒叶片。还有一些电子设备可以发射超声波来抵御饥饿的袋貂。这些方法的成功往往是短暂的，因此最好用网罩住脆弱的植物。

防治病虫害的天然农药

　　我从小就使用化学农药保护花园植物，使其更好地生长，获得更高产量或呈现奇特的外观，现在我倾向使用天然农药。在人类发明和使用化学农药前，有许多天然的自制药物可以解决植物病虫害问题。天然农药制作简单，需要的不过是一点你家中可能已经有的成分。

　　过去几年，我对园艺行业有了更多的了解，明白每个行业和个人都可以更加留意我们所做的事情和所用的东西是如何影响环境的。

印棟素杀虫剂

　　一种通用杀虫剂，用于喷洒土壤和叶片，效果良好。

材料：

1升水
1 ~ 2勺肥皂水或洗洁精
2勺苦棟油
喷雾瓶或喷雾器

制作方法：

1 把水、洗洁精和苦棟油倒入喷雾瓶或喷雾器中，充分混合。

2 直接在受害植物上，确保害虫和叶片被充分覆盖。要在晴朗的白天使用，而不是晚上或清晨。

3 坚持每5 ~ 7天处理一次，直到所有的害虫消失。

辣椒杀虫剂

　　非常适合处理蚜虫、粉虱和粉蚧等害虫。

材料：

1/2 杯新鲜辣椒或辣椒粉
500 毫升水
1勺肥皂水或洗洁精
喷雾瓶或喷雾器

制作方法：

1 将辣椒和250毫升水在搅拌器中混合并搅拌成糊状。

2 在平底锅中，将辣椒糊与剩下的250毫升水煮沸。

3 将上述混合物与肥皂水一起倒入喷雾瓶中。

4 直接喷洒在受害植株上，确保害虫和叶子被充分覆盖。坚持每5 ~ 7天处理一次，直到所有的害虫消失。

大蒜杀虫剂

适合处理蚜虫、粉虱和粉蚧等害虫。

材料：

2头大蒜
2升水
1/2勺菜籽油
1勺肥皂水或洗洁精
喷雾瓶或喷雾器

制作方法：

1 将大蒜与60毫升水在搅拌器中混合并搅拌成糊状。

2 将混合物倒入罐子或碗中放一个晚上。

3 将混合物过滤后的液体倒入一个干净的罐子中（约1升），加入菜籽油和肥皂水，再将罐子装满水并混合均匀，制作成大蒜浓缩液。

4 将1杯浓缩液和1升水倒入喷雾瓶并混合均匀。

5 直接喷洒在受害植株上，确保害虫和叶片被充分覆盖。坚持每5～7天处理一次，直到所有的害虫消失。

生姜杀虫剂

适合处理粉蚧等害虫。

材料:

3/4 杯切好的生姜
1 升水
1 勺肥皂水或洗洁精
喷雾瓶或喷雾器

制作方法:

1 在平底锅中,将生姜和水煮沸。

2 将上述混合物过滤后的液体倒入喷雾瓶中,再倒入肥皂水。

3 直接喷洒在受害植株上,确保昆虫和叶片被充分覆盖。坚持每5～7天处理一次,直到所有的害虫消失。

天然杀菌剂

非常适合处理灰霉病、白粉病、根腐病、叶螨、粉蚧等病虫害。

材料：

1.15升水
1滴菜籽油或苦楝油
1滴肥皂水或洗洁精
2勺碳酸氢钠（小苏打）
喷雾瓶或喷雾器

制作方法：

1 在喷雾瓶中把水、油、洗洁精和小苏打混合均匀。

2 直接喷洒在染病的植株上，确保所有被影响的区域都被药液覆盖。在晴朗温暖的中午施用，而不是晚上和清晨。坚持每5～7天处理一次，直到所有的病虫害消失。

泻盐

适合缺乏营养的植物，可以促进其生长繁茂和开花，并阻止害虫侵扰。

材料：

泻盐（1/2勺做成喷雾液，1勺直接使用）
足以装满喷雾瓶的水
喷雾瓶或喷雾器

喷雾液

1 倒1/2勺泻盐至喷雾瓶中，然后灌满水。

2 适度摇晃直至泻盐完全溶化，每2周直接在叶片上喷洒一次。

直接使用

1 使用前使土壤保持湿润。

2 每3～4周撒1勺泻盐到土壤中。

术　语

通气器　用于给土壤通气的工具，可以促进氧气、水和养分渗入土壤，如挖穴铲或一根筷子。

高压繁殖　一种从母体植株的枝条上繁殖新植株的技术。用潮湿的泥炭藓或土壤包裹住枝条，以促进新的根系生长。

人造环境　因加热和制冷形成的环境条件。

回填　植物被放入花盆后，用土壤填满花盆。

气候　某个地方长时间主要的天气条件。

栽培品种　通过选择性培育产生的植物品种。

插条　为了产生一株新植物，从已有的植物上获取的枝条。

斑驳光照　自然光通过树叶或窗户过滤后的光照。

摘除残花　移除枯死的和凋谢的花朵。

落叶植物　一种每年脱落叶片的植物。

播种器　用于种植种子、幼苗和插条的手持尖头工具。

休眠期　植物生长缓慢、为生长季节保存能量的一段时期。

浸透　彻底湿透土壤。

干燥花园　专门种植耐旱植物的花园。

发芽　种子经过一段时间休眠后出芽。

嫁接繁殖　一株植物被移植到另一株寄主植物上的繁殖技术。

分层　培育一系列植物以创建具有视觉吸引力的纹理、颜色和形式组合。

微气候　在较小范围内模拟自然环境的可控气候。

地中海气候　夏季炎热干燥、冬季温和多雨的环境。

乡土植物　某地方特有的植物。

苦楝油　从印楝树的果实和种子中提取的天然植物油，可用于防治害虫。

节点　植物的叶柄和茎相遇的部分，1个节点通常有1～2片叶子。

多年生植物　一种可以存活数年的植物。

叶柄　将叶子连接到植物茎上的柄。

繁殖　通过一系列技术从母本植物上创造和繁殖新植物。

根球　植物根的主要部分。

生根剂　一种促进插条生出根部的产品（人造或天然）。

泥炭藓　一种用于园艺的天然苔藓，能储存大量的水。

牵引　通过使用植物系带和木桩来引导植物以某种方式生长的人工操作。

通风　为房间或空间提供新鲜空气。

致谢

过去的几年我就像经历了一场旋风般的冒险，有高潮也有低谷。这段历程使我意识到我是谁并激发了我对植物的热情。来自植物和设计界的支持，我永远不会忘怀。

我的家人从一开始就支持我们。当我们需要他们的建议时或只是为了确保我们不会发疯时，他们总是在那里。

感谢我的合作伙伴Armelle Habib，你总能及时捕捉瞬间，这一点让我很欣喜。对我而言，你是一种鼓励，能有你这样的朋友是我的荣幸。

感谢Hardie Grant出色的团队，他们夜以继日的工作使这本书得以成形。比起我，这更像是他们的书。Anna Collett让我感恩能够与之相遇，Jane Wilson鼓励我自由探索，Kate Armstrong仔细校对书中的每一个词，Andy Warren将我的个性体现在书稿中，Shelly Steer提供了精美的插图。

感谢下列工作室为本书拍摄提供了漂亮的空间：Heather Nette King, Kegan Harry and Lachie Gibson of Angle, Bree Leech, Andy Paltos, Roz and Nicola Matear, Meg and Zenta Tanaka of CIBI, Sally Gordon, Cindy-Lee Davies and Willie of Lightly, Mitchell Jones and Cara Stizza of Studio Studio, Jerry Wolveridge of Wolveridge Architects, Brad Kooyman of Drunken Barber, Trisha Garner and Simon Tan, Carole Whiting, Nick Hughes of Keoma, Rachel Soh and Richard Janko, Armelle Habib, Phoebe Simmonds of Blow Bar, Stuart McKenzie of South of Johnston, Anna Rozen and Taj Darvall, Michael Mabuti and Susan Chung。

感谢Meg和Zenta Tanaka，你们张开双臂接纳我们，使我们成为家人。

感谢Heather Nette King，您只要对我说一句话就能使我信心倍增，感谢有您这样一位有爱心的导师。

感谢Indira Naidoo，你在我刚起步时就伸出援手并给我安慰，帮助我相信所做的事情。

感谢植物家园这个大家庭，我为拥有一个努力工作的团队而骄傲，你们不仅支持我，还互相支持。

感谢我的搭档Nathan Smith，你的优秀已经无法用语言来描述。我将永远铭记这段疯狂的历程，没有你，我肯定无法完成。可以一起生活和工作的合作伙伴并不多见，但是我们实现了，我对此充满感激。

图书在版编目（CIP）数据

室内外小型空间植物造景/（澳）杰森·琼格著；
新锐园艺工作室组译．—北京：中国农业出版社，
2023.4
（世界植物造景大师译丛）
书名原文：Green Plants for small spaces,
indoors and out
ISBN 978-7-109-30041-5

Ⅰ.①室… Ⅱ.①杰…②新… Ⅲ.①园林植物-景
观设计 Ⅳ.①TU986.2

中国版本图书馆CIP数据核字（2022）第175086号

合同登记号：01-2022-3372

SHINEIWAI XIAOXING KONGJIAN ZHIWU ZAOJING

中国农业出版社出版
地址：北京市朝阳区麦子店街18号楼
邮编：100125
责任编辑：国 圆 文字编辑：杨 春
版式设计：国 圆 责任校对：吴丽婷
印刷：北京缤索印刷有限公司
版次：2023年4月第1版
印次：2023年4月北京第1次印刷
发行：新华书店北京发行所
开本：787mm×1092mm 1/16
印张：9.5
字数：250千字
定价：88.00元

COPYRIGHT TEXT © JASON CHONGUE,
2019
COPYRIGHT PHOTOGRAPHY ©
ARMELLE HABIB 2019
COPYRIGHT ILLUSTRATIONS ©
SHELLEY STEER, 2019
COPYRIGHT DESIGN © HARDIE
GRANT PUBLISHING, 2019
published by Hardie Grant Books, an
imprint of Hardie Grant Publishing in 2019

本书中文简体版专有出版权经由中华版权
代理有限公司授予中国农业出版社有限公司。